금쪽같은 우리 댕댕이

견생역전 프로젝트

견생역전 프로젝트

최인영 지음

지니의서재

프롤로그

반려견의 언어를 이해하면 달라집니다

"'앉아!'라고 아무리 말해도 안 들어요.
저한테 반항하는 건가요?"

세 살짜리 반려견을 데리고 온 보호자가 묻습니다. 보호자는 상담을 기다리는 동안 수시로 반려견에게 "이리 와!" "하지 마!" "앉아, 앉으라고!"와 같은 명령을 했지만, 반려견은 아랑곳하지 않고 병원 안을 이리저리 돌아다녔고, 그때마다 보호자는 답답해서 분통을 터뜨렸습니다.

"반려견을 복종시킬 수 있는 훈련법 좀 알려주세요."

저는 동물병원 임상 수의사이자 동물행동 치료로 오랫동안 반려견을 돌봤습니다. 긴 시간 이 일을 하면서 많은 사람이 자신과 반려견의 관계를 상하 관계로 인식한다는 사실을 알게 되었습니다. 무조건 "안 돼!" "하지 마!" "이리 와!" "물지 마!"라는 식의 강압적으로 명령하는 복종 훈련은 금물입니다. 이런 명령은 반려견에게 두려움을 일으켜 일시적으로 말을 들을지 모르겠지만, 근본적인 행동을 변화시키지는 못합니다. 일방적으로 금지하거나 허용하는 복종 훈련은 동물의 기본적인 습성을 이해하지 못한 상태에서 이루어지기 때문입니다. 사람들은 반려견이 짖거나 뭔가를 물어뜯고 달려드는 행동을 싫어합니다. 하지만 이런 행동은 반려견의 자연스러운 본능에서 나오는 것입니다. 반려견이 사람의 말을 알아듣고 스스로 문제행동을 교정해 올바르게 행동할 수는 없습니다.

사람들이 자주 하는 실수가 반려견을 자꾸 의인화하는 것입니다. 동물인데 사람의 관점에서 해도 되는 행동과 안 되는 행동을 정하고 '이렇게 혼내거나 야단치면 알아듣겠지, 이번에 따끔하게 이야기했으니 다음엔 안 그러겠지' 하고 믿습니다. 대다수 보호자가 흔히 하는 착각입니다. 동물은 사람과 다르다는 점을 명심하세요. 짖기, 물어뜯기, 달려들기, 냄새 맡기 등 반려견의 습성과 본능을 잘 이해한 후에, 허용하는 행동과 허용할 수 없는 행동을 구분하고, 이에 대해 어떻게 가르치고 존중해 줄지를 정해야 합니다. 즉, 반려견과 사람 사이에 지켜야 할 규칙을 정하는 것입니다.

규칙은 사람과 동물의 관계를 상하 복종이 아닌 '상호 존중 관계'로 만드는 데 반드시 필요합니다. 법이 개개인의 권리를 보호하고 의무를 지키게 하여 다 함께 행복한 세상을 만들기 위해 존재하듯이, 사람과 반려견 간의 규칙 역시 두 존재가 더불어 행복하게 살아가는 데 필요합니다. 어떤 사이든 상하 복종 관계로는 오래갈 수 없습니다.

규칙을 잘 교육받은 반려견은 사람이 많은 공간에 데려가도 사고를 일으키지 않습니다. 그러면 보호자는 더욱 안심하고 다양한 공간에 데려갈 수 있습니다. 반려견은 재미있는 경험을 할 수 있고 사람은 다치지 않으니, 모두가 행복합니다.

❗ 행복한 반려견을 위해 알아야 할 것들

그렇다면 규칙은 언제부터 가르쳐야 할까요? 반려견을 처음 집으로 데려왔을 때부터 규칙을 익힐 수 있도록 하는 것이 좋습니다. 또한 가족끼리 충분히 이야기한 후 필요한 규칙을 정하도록 합니다. 규칙을 가르칠 때 주의해야 할 점은 보호자를 비롯한 가족 구성원 전체가 일관된 행동을 취해야 한다는 것입니다.

많은 보호자가 반려견에게 그때그때 기분 내키는 대로 행동하는 실수를 저지릅니다. 예를 들어 어제 가족 식사 자리에서 짖었더니 간식을 받았는데, 다음 날 짖으니 누군가는 혼낸다면 반려견은 혼란을 느낄 수밖에 없습니다. 반려견은 어제 허용된 행동이 오늘도, 내일도 당연히 허용될 것이라고 생각합니다. 그렇기 때문에 보호자가 규칙을 정하고 가족 모두가 일관성 있게 적용해야 합니다.

올바른 행동과 나쁜 행동을 구분하여 올바른 행동은 강화하고, 나쁜 행동은 억제하는 것이 중요합니다. 체벌 없이도 좋은 행동을 이끌어내는 방법을 '긍정 강화 훈련'이라고 합니다. 올바른 행동을 보였을 때는 칭찬, 간식, 스킨십 등을 통해 '좋은 행동'임을 인식시키고, 잘못한 행동에 대해서는 나무라거나 혼내기보다 다른 올바른 행동을 가르쳐 보상으로 학습하도록 하는 것이 긍정 강화 훈련의 핵심입니다.

우리는 반려견을 성장이 멈춘 서너 살짜리 아이라고 생각해야 합니다. 따라서 보호자는 평생 보호해 주고 이해해 주고 보듬어주는 엄마 역할을 해야 합니다.

반려견의 행동을 알면 일상이 즐겁습니다

반려동물과 함께 살아가는 펫팸족이 천오백만 인구에 달합니다. 이런 현실에서 사람과 동물이 올바른 관계를 맺으며 살아가기 위한 해답을 주는 책을 쓰고 싶었습니다.

가족 중에서 누군가 정신적인 문제를 보이면 어떻게 할까요? 만약 아이라면 에너지를 발산하기 위해 태권도 학원에 보내거나 정서를 안정시키겠다고 피아노 학원, 혹은 미술 학원에 보내지는 않을 겁니다. 대부분 병원에 가서 상담을 하고 치료를 받습니다. 그런데 왜 반려견은 동물병원 대신 바로 훈련소로 찾아갈까요? 아마도 몰라서일 겁니다. 반려견이 문제행동을 보인다면 행동 의학적인 진단과 처방부터 받고 훈련을 하는 것이 순서라고 생각합니다.

이 책에는 사람들이 반려견과 함께 살면서 매일매일 마주치는 궁금증과 그 해결 방안을 담았습니다. 남들이 보기엔 사소하지만, 반려견을 키우는 보호자에겐 절실한 물음이 하나쯤 있으실 겁니다. 그 해결 방안들은 현장에서 직접 만났던 다양한 반려견을 통해 얻은 살아 있는 지식입니다. 더불어 반려견이 응급상황에 처했을 때, 병원으로 옮기기 직전 보호자가 할 수 있는 일들을 담았습니다. 마지막까지 꼼꼼하게 이 책을 읽어두면 갑작스러운 상황에도 조금 더 침착하게 대처하는 데 큰 도움이 될 것입니다.

러브펫동물병원 원장 최인영

1 우리 집에 작은 기적이 왔다

Part 1. 가족이 되기로 한 날

Part 2. 함께 살 준비, 마음부터 천천히

2 너의 행동이 말해주는 것들

Part 1. 펫 닥터에게 배우는 건강한 반려 생활

? 반려견과의 첫 만남, 무엇이 궁금한가요?

Part 2. 응급상황! 반려견을 지키는 첫 5분

1

우리 집에

작은 기적이 왔다

가족이 되기로 한 날

🦴 나는 이제 누군가의 '보호자'입니다

몇 년 전 일입니다. 입양한 지 한 달 된 4개월가량의 예쁜 비숑을 데리고 보호자 가족들이 병원을 찾아왔습니다.

"원장님, 우리 순심이가 며칠 전부터 식구들이 외출하고 아무도 없으면, 울거나 짖어서 이웃으로부터 하루가 멀다고 항의를 받아요. 순심이를 입양하고 정말 행복했는데 이젠 순심이 때문에 너무 스트레스를 받아요. 이럴 땐 어떻게 해야 하나요?"

반려견을 입양하기로 결정한 가족에게 뒤늦게 찾아온 혼란은 매우 큰 스트레스가 됩니다. 부모가 되려면 부모 준비가 필요하듯이 반려견을 입양하려면 미리 준비해야 할 것들이 많습니다. 우리는 이제 누군가의 '보호자'가 되기 때문입니다.

무엇보다 가족 구성원 모두가 반려견을 통해 행복할 수 있어야 합니다. 가족 중 누군가 알레르기가 있거나 반려견을 싫어한다면 곤란합니다. 매일 함께 생활해야 하는 가족 간에 반려동물 입양으로 문제가 생기지 않아야 합니다.

가장 중요한 것은 우리 집에서 함께 살기로 한 반려견의 행복입니다. 반려견이 혼자 남겨지지 않도록 모든 시간을 쏟으라는 말이 아닙니다. 반려견이 혼자 있더라도 홀로 놀 수 있도록 놀이 교육을 해주고, 퇴근 후나 휴일에는 되도록 시간을 내서 함께 놀아주거나 산책을 시켜주면 좋습니다.

마지막으로 이웃에게 피해를 주지 않아야 합니다. 반려견의 짖는 소리 때문에 이웃이 괴로워하거나, 배변·배뇨 처리가 미숙해 악취가 나서 불편을 준다면 이웃 간의 불화나 싸움으로 번질 수 있습니다.

반려견은 늘 돌봄이 필요한 대상입니다. 이를 이해하고 평생 보호자로서 책임감 있는 마음가짐이 필요합니다.

작은 가족을 맞이할 준비물 리스트

입양하기 전에 집의 여건이나 환경, 보호자와 잘 맞는 품종을 선택하는 것이 아주 중요합니다. 세계애견단체에 따르면, 전 세계에는 약 340여 종의 반려견이 있습니다. 사육의 난이도, 집 크기에 맞는 품종, 개인의 취향 등을 고려하여 반려견의 품종을 결정해야 합니다.

입양하기 전에 반드시 알아야 할 품종 및 필수 점검 사항 여덟 가지를 소개합니다.

1. 반려견의 품종은 보호자와 잘 맞는가?

보호자의 생활 환경(라이프 스타일, 거주 시간 등)을 고려하여 어떤 품종의 반려견이 적당한지 결정합니다. 예를 들어 털이 많이 빠지는 것을 싫어하는 이들에게는, 푸들이나 슈나우저, 몰티즈, 요크셔테리어, 시추 등을 추천합니다. 치와와나 미니어처 핀셔 같은 단모종은 털이 덜 빠질 거로 생각하고 키우기 시작했다가, 심한 털 빠짐에 굉장히 힘들어하는 경우가 많습니다.

키우기 전에 관련 책이나 반려견 동호회 등을 통해 반려견의 품종과 그 특성을 알아봐야 합니다. 아니면 가까운 동물병원이나 펫숍에서 각 품종의 장단점을 상담받는 것도 추천합니다.

2. 눈이 맑은가?

반려견의 눈을 관찰했을 때 간혹 눈동자가 뿌옇다면 각막이나 결막에 이상이 있을 수 있습니다. 반려견이 뭔가에 부딪혔거나 목욕하다 샴푸가 직접 각막에 닿았을 경우, 혹은 뒷발로 긁었거나, 전염성 질환에 걸렸을 경우에 보이는 증상입니다. 의심이 된다면 반드시 동물병원에서 검사와 진료를 먼저 받아야 합니다.

입양 시에는 반려견의 눈동자가 맑은지 먼저 확인하고, 이상을 발견했다면 견주에게 확인한 뒤 문제가 있을 경우, 바로 동물병원으로 가는 것이 좋습니다.

가끔 생후 2~3개월 된 반려견들의 각막이 약간 뿌옇게 보일 수 있습니다. 이런 경우는 나중에 맑아지므로 문제가 되지 않습니다. 이렇게 정상적인 경우와 이상 증상을 먼저 구분해 보기 바랍니다.

3. 설사를 하는가?

항문과 생식기 주변이 깨끗한지, 대변과 소변이 많이 묻어 있는지, 그 부위에서 비릿한 냄새가 나는지 확인합니다. 만약 항문 주변이 짓물러 있거나 분변으로 젖어 있다면 평소 소화가 잘되지 않거나 세균성, 바이러스성, 기생충성 장염을 앓고 있을 수 있습니다. 아니면 이미 앓았다가 최근 호전되었을 수도 있습니다. 그러니 세심히 살펴볼 필요가 있습니다.

예방접종을 적절한 시기에 하지 못해 발생하는 바이러스성 장염은 매우 무서운 결과를 가져올 수 있습니다. 반드시 동물병원에서 분변을 통한 현미경 검사와 바이러스 질병에 대한 검사 등을 통해 진단을 꼭 하기 바랍니다. 그래야 정확한 원인을 발견하고, 적절한 치료를 받을 수 있습니다.

4. 콧물이 있고 기침을 하는가?

반려견의 코 전체와 콧잔등 피부가 매끈하지 않고 거칠거칠한지, 콧물이 말라붙어 있는지, 누런 콧물이 있는지, 목에 가시가 걸린 듯이 캑캑거리면서 음식물이나 침을 토하는 행동을 보이는지 살펴봅니다.

이런 증상은 감기로 인해 심각한 기관지염에 걸렸을 수도 있고, 낯선 환경에 민감하게 반응하는 스트레스 때문일 수도 있습니다. 입양 후에 이러한 증상을 비슷하게라도 보인다면 동물병원에서 진료를 받아보는 게 좋습니다. 동물병원에서는 청진과 체온 측정, 문진을 통해 기본 검사를 하고, 필요하다면 바이러스성 검사, 혈액 검사, 엑스레이 검사 등을 통해 세심하게 진료를 받아야 합니다.

5. 피부가 거칠거나 탈모가 있는가?

반려견이 너무 어리다고 오랫동안 목욕을 시키지 않으면 피부에 각질이 많이 생길 수 있습니다. 이런 경우 목욕을 규칙적으로 시키고 보습제를 발라주면 대부분 좋아지기 때문에 괜찮습니다. 반대로 목욕은 자주 시키는데 보습을 제대로 해주지 않으면 오히려 각질이 생길 수 있으므로 주의해야 합니다.

일반적인 각질과 달리 노랗거나 갈색, 붉은색의 각질이라면 피부병을 의심할 수 있습니다. 각질 상태와 함께, 탈모 증상이 있는지 머리부터 발끝까지 입으로 바람을 후후 불어가면서 온몸의 털 사이를 꼼꼼하게 살펴봐야 합니다.

탈모가 있고 각질이 보이는 피부는 세균성 피부 감염과 곰팡이성 피부 감염을 의심할 수 있습니다. 반려견이 가려움 때문에 그 부위를 많이 긁게 되면 2차 감염으로 증상이 더 심해질 수 있습니다. 최소한 1~2개월의 치료 기간이 필요한 질병이니 미리 관찰해서 발견했을 때 즉시 치료해야 합니다. 세균성인지 곰팡이성인지 아니면 다른 원인인지 정확히 구분하여 약물치료를 병행하는 것이 좋습니다.

6. 귀 안에서 냄새가 나거나 초콜릿색 귀지가 있는가?

반려견이 스트레스를 받지 않도록 귀를 조심스레 열어서 갈색이나 누런색 혹은 초콜릿색의 귀지가 있는지, 오랫동안 씻지 않은 발

에서 나는 듯한 악취가 나지 않는지 확인합니다. 아니면 귓바퀴 주변을 긁어서 발적(홍반)이나 충혈 소견이 보이는지도 확인합니다. 이러한 증상은 귀에 진드기가 있거나, 귀 청소를 해주지 않았거나, 목욕 중에 귀에 물이 들어가 생긴 외이염 등으로 나타나는 증상일 수 있습니다.

이러한 증상을 보이면 검이경(귓속을 볼 수 있는 검사 장비)을 통한 비전 검사로 쉽게 질병을 확인할 수 있습니다. 또한 약물치료와 환경 처방(사료 및 환경 변화 등)을 받으면 쉽게 완치할 수 있습니다.

7. 식욕이 일반적인 수준인가?

입양 후 반려견이 사료를 잘 먹으면 신경 쓸 일이 없습니다. 간혹 반려견의 입이 짧아 잘 먹지 않으면 보호자는 애를 태우게 됩니다. 사료를 잘 먹지 않는 이유가 단순하게 입이 짧아서인지, 사료가 바뀌어서 그런 것인지, 낯선 환경에서 움직임이 적어 배가 고프지 않아서인지, 아니면 질병이 있어서인지 이유가 다양하므로 먼저 반려견을 데리고 온 곳에 식욕이 정상이었는지 물어보고 원인을 짚어볼 필요가 있습니다.

평소에 잘 먹던 반려견도, 환경이 갑작스럽게 바뀌면 일시적인 스트레스로 잘 먹지 않을 수 있습니다. 이런 경우는 환경에 적응하면 금세 회복되므로 걱정하지 않아도 됩니다. 반려견이 사료를 먹지 않아도 바로 치우지 말고 20분 정도 그대로 두세요. 그래도 먹지 않으면 동물병원에 데려가 행동학적인 문제인지, 질병 때문인지 알아봅니다.

언젠간 먹겠지, 싶어 사료를 식기에 오래 담아두면 상하거나 마르고 냄새도 날아가 맛도 떨어집니다. 오랫동안 먹지 않은 사료는 버리거나 되도록 빨리 밀폐된 통에 담아두어야 합니다. 만약 반려견이 오랫동안 먹지 않으면 급성 저혈당으로 온몸이 마비되어 쓰러질 수 있으니 주의를 기울입니다.

8. 예방접종과 내·외부 기생충 예방 상태는 어떤가?

반려견을 데리고 온 곳에서, 예방접종은 언제 했으며, 1차부터 7차 중 어디까지 접종했는지 체크합니다. 그리고 내·외부 기생충 예방약은 언제 시작했는지도 확인합니다. '내·외부 기생충 예방'이란 반려견의 복강, 흉강, 피부, 혈관 등에 기생하는 기생충 제거를 위해 한 달에 한 번 반려견에게 약을 먹이거나 바르는 것을 말합니다.

반려견을 입양하려면 최소 2~3차 이상 예방접종을 했고, 내·외부 기생충 예방을 한 달에 한 번 정도 했는지를 반드시 살펴야 합니다.

🦴 편안하고 즐거운 생활을 위한 필수 용품

반려견과 함께 생활하기 위해서는 생활용품들이 필요합니다. 무엇이 필요한지, 어떻게 사용하는지 우왕좌왕하지 않도록 가급적 미리 준비해 두는 게 좋습니다. 반려견이 집에서 안정적으로 생활하기 위해서는 되도록 빨리 적응하는 것이 제일 중요합니다. 만약 적응에 필요한 용품이 없다면 반려견은 불안해질 것입니다.

"사람이 아닌 반려견에게도 생활용품이 필요할까?"라고 의아해할 수 있습니다. 어떤 이는 반려견 생활용품을 사치품으로 생각하기도 합니다. 그건 잘못된 생각입니다. 누구나 반려견을 키울 때 청결하고 안전하고 건강하게 키우고 싶어 합니다. 다음에 소개하는 물품들은 그러한 보호자의 바람을 이루는 데 많은 도움이 될 것입니다.

사료

입양하기 전에 반려견이 먹던 브랜드의 사료도 좋지만, 다양한 브랜드의 사료를 먹이는 것도 괜찮습니다. 다양한 샘플 사료를 이용하여 이것저것 맛보게 하면 여러 가지 맛을 알아갈 수 있습니다. 일

  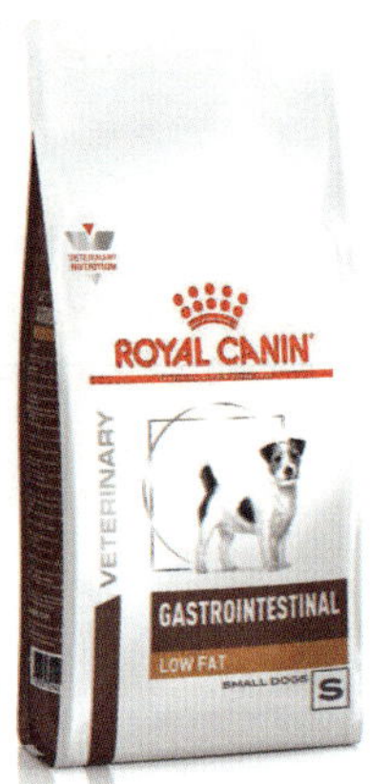

단은 성장에 필요한 영양소와 열량이 들어있는 강아지용 사료부터 시작하는 게 좋습니다. 브랜드별로 반려견의 성장 단계와 품종에 따른 사료가 따로 있으니 펫숍과 동물병원에서 조언을 얻어 추천받은 사료를 주는 것도 좋습니다.

배변 패드 / 배변판

가정에서는 일반적으로는 소변을 흡수할 수 있는 패드를 많이 사용하고 있습니다. 입양 전부터 쓰고 있던 패드가 있다면 되도록 같은 종류로 사용합니다. 패드를 갑자기 바꿀 경우 반려견이 낯설어하며 적응하지 못할 수도 있습니다.

배변판 없이 패드만 깔아둬도 얌전히 패드 위에 배변하거나 배뇨하는 반려견도 있지만, 장난감처럼 물고 뜯으며 노는 반려견이라면 패드를 끼울 수 있는 배변판이나 망으로 된 판을 사용하는 것이 좋습니다. 처음부터 패드를 배변판에 고정해 두면 패드가 장난감이 되는 일을 막을 수 있습니다.

울타리

반려견이 사물 분별력이 어려운 어린 시기에는 갑자기 넓어진 환경에 적응하기 어려워합니다. 화장실과 집을 구별하지 못하고, 배뇨·배변 훈련할 때 적응하지 못하기도 합니다. 집 안에 있는 전선, 의자 다리, 책상 등을 핥거나 물어뜯을 수도 있는데 처음부터 너무 넓은 공간에 풀어놓기보다 공간을 분리해 주는 것이 좋습니다. 이때 필요한 것이 울타리입니다.

반려견은 주변의 모든 사물을 장난감처럼 핥고 물어뜯습니다. 그렇게 하지 못하도록 미리 치워두거나 점차 알아갈 수 있도록 울타리로 이동을 제한하는 것이 좋습니다.

탈취제

반려견의 후각 능력은 사람보다 뛰어납니다. 가끔 정해진 장소가 아닌 여기저기에 배변 실수를 했다면 소변 냄새가 나지 않게 암모니

아를 분해할 수 있는 안전한 탈취제를 권합니다. 향기가 나는 일반 탈취제를 사용하면 보호자는 향기 때문에 암모니아 냄새를 느끼지 못합니다. 하지만 후각이 뛰어난 반려견은 암모니아 냄새를 기가 막히게 찾아내 똑같은 곳에 또 실수를 합니다. 그래서 반드시 암모니아가 분해되는 탈취제를 선택하는 것이 배뇨·배변을 가리는 데 도움이 됩니다.

안구 세정제

우리가 매일 세수하듯 반려견도 매일 관리해 주는 것이 좋습니다. 반려견의 세수는 우리와 다릅니다. 안구 안에 낀 눈곱을 제거하고, 누공이 막혀 눈물이 넘쳐흐르지 않게 안구 세정제로 마사지해 주는 것을 말합니다.

'누공'이란 눈물이 콧속으로 흘러 들어가게 하는 아주 작은 통로를 말합니다. 누공은 눈곱과 눈물이 쌓여 자주 막히기 때문에 눈물이 넘치기도 하고, 약간의 악취가 생기기도 합니다. 이럴 때는 안구에 안전한 세정제 두세 방울을 넣고 누공 쪽을 마사지해 줍니다. 그러면 안구의 청결을 유지할 수 있습니다.

브러시(슬리커 빗질)

브러시는 장모종의 털 관리를 위해 보통 하루에 한 번 혹은 목욕후 드라이할 때 사용합니다. 단모종일 경우에는 실리콘으로 만들어진 브러시를 이용해 빗질해 주는 것이 피부 건강에 좋고, 스킨십에도 좋습니다.

보통 빗질하는 법을 많이들 어려워합니다. 하지만 요령만 터득하면 굉장히 쉽습니다. 브러시가 날카로워 보여 겉에 있는 털만 살살 빗어주는 분들이 있는데, 그럴 경우 털이 엉킵니다. 특히 어린 반려견의 털은 어미 뱃속에서부터 갖고 나온 배냇 솜털이라 푸석푸석하고 잘 엉키기 때문에 심하면 피부까지 손상할 수 있으므로 빗질은 매우 중요합니다.

빗질하는 방법은 보통 꼬리 쪽에서 머리 쪽으로, 다리 아래에서 등 쪽으로, 즉 털이 난 방향과 반대로 빗어주어야 엉키지 않습니다.

귀 세정제/면봉

반려견 목욕은 1~2주에 한 번 시키면 됩니다. 목욕 후에는 귀 세정제를 사용해 귀를 청소해 주면 귀 질환을 예방하는 데 도움이 됩니다. 반려견은 식습관과 관리 문제로 귀 질병이 자주 생깁니다. 그래서 한 달에 한 번 정도는 동물병원에서 귀의 상태를 점검받는 것이 중요합니다.

영양제(알약, 페이스트, 파우더 등)

영양제는 반려견에게 필요한 필수 영양소로 구성된 것이 가장 좋습니다. 사회화 교육이나 훈련용으로 1cm 이하의 작은 큐빅 형태의 알약을 선호합니다. 짜 먹는 페이스트나 파우더 형태는 피딩 토이feeding toys(행동학 장난감)에 넣어주거나 몸에 발라주면 반려견이 즐겁게 먹을 수 있습니다.

발톱 깎기

1~2주에 한 번은 발톱을 깎아줍니다. 발톱 안에는 혈관이 함께 자라기 때문에 전체의 3분의 1 혹은 4분의 1 정도만 잘라내야 합니다. 더 짧게 자르면 발톱 속의 혈관을 잘라 출혈이 생길 수 있습니다. 발톱을 제때 잘라주지 않아 발톱이 길게 자라면 안에 있던 혈관도 함께 자랍니다. 이때 발톱을 정상적인 길이로 깎게 되면 당연히 출혈이 생깁니다. 만약 발톱을 자르다가 출혈이 생겼을 때는 깨끗한 거즈나 휴지로 꾹 눌러서 10분 이상 지혈하고, 출혈이 멈추지 않으면 동물병원에 가서 지혈해야 합니다.

반려견은 발가락으로 걷는 지간 보행의 동물입니다. 지간 보행 동물은 발가락으로 딛고 걷기 때문에 발톱이 바닥을 긁어 저절로 닳게 됩니다. 그래서 산책을 자주 하거나 외부 활동이 많은 반려견은 발톱을 자주 잘라주지 않아도 됩니다. 규칙적인 산책은 반려견의 발톱 건강과 문제행동의 교정에 좋은 영향을 줍니다.

다양한 장난감(봉제, 실리콘 등)

반려견의 장난감은 형태가 다양합니다. 간식을 넣을 수 있고, 영양제나 습식 간식을 발라줄 수 있는 형태의 장난감을 구비하면 반려견의 흥미와 관심을 끌기 좋습니다.

장난감을 굴릴 때마다 간식이 나오는 공처럼 생긴 것도 있고, 쓰러뜨리면 간식이 나오는 오뚝이처럼 생긴 것도 있습니다. 봉제 인형이나 방석 형태에 간식을 넣어놓으면 반려견은 후각을 이용하여 간식을 찾아서 먹기도 합니다. 이런 재미있는 장난감을 하루에 5~7개로 매일 다르게 제공해 주면 반려견은 흥미를 느낍니다. 반려견 한 마리당 보통 20~30개의 다양한 장난감을 준비해 매일 다른 재미와 흥미를 주는 것이 좋습니다. 혼자 놀 때 여러 장난감을 주면 반려견은 혼자 노는 시간을 기다리기도 합니다.

이처럼 다양한 장난감으로 흥미와 관심을 끌면 반려견은 집 안의 화분이나 식탁, 소파, 침대, 신발, 슬리퍼 등과 같은 생활용품에 대한 관심에서 멀어져 물어뜯는 일을 방지할 수 있습니다.

샴푸

반려견의 샴푸를 고를 때는 눈에 자극이 덜한 제품으로 구입해야 합니다. 품종과 털 종류에 따라 쓰는 샴푸도 여러 종류이므로 펫숍이나 용품 구입처에 문의해서 반려견의 현재 피부 상태와 컨디션에 알맞은 것으로 추천받아 사용하는 것이 좋습니다. 샴푸의 기능과 향기는 매우 다양합니다. 보호자의 취향, 반려견의 피부와 모질 상태를 잘 파악하여 선택해야 합니다.

보습제

피부 장벽이 무너지면 반려견의 피부는 엉망이 됩니다. 피부 상태를 좋게 유지하려면 어릴 때부터 평소에 잘 관리해야 합니다. 목욕을 자주 시키면 피부가 더욱 건조해질 수 있으므로 목욕 대신 보습제를 발라주거나 뿌려주는 것이 좋습니다.

이때 맛있는 간식을 주면서 보습제를 발라주면 보습제를 바르는 행위를 즐기게 됩니다. 보습제는 보통 분사형과 크림형이 있는데 둘 다 피부에 바르거나 뿌립니다.

크레이트(이동장), 유모차

예방접종이나 미용하러 차량으로 이동할 때, 면역력이 완전히 형성되기 전에 산책할 때는 이동수단이 필요합니다. 플라스틱, 패브릭 등 다양한 소재와 모양이 있으니 반려견의 품종과 크기에 따라 선택합니다. 크레이트는 사용하지 않더라도 집 안에 두고, 간식이나 푸드 퍼즐을 넣어두는 것이 좋습니다. 평소에도 자주 그 안에서 먹고 즐기게 하면 병원이나 미용실 등 무서워 꺼리는 곳을 편하게 갈 수 있습니다.

그리고 크레이트를 해외 출국 시 사용할 목적이라면 각 국가의 항공사에 문의해서 허용 범위의 것을 선택해야 합니다.

집(동굴, 방석)

반려견의 집은 대부분 보호자가 원하는 색상과 모양으로 선택하는데, 반려견에게는 동굴 형태가 안정적입니다. 플라스틱, 패브릭 등 다양한 소재의 모양과 크기로 되어 있어서 반려견의 품종과 크기, 주거 환경에 따라 선택합니다.

목줄, 젠틀 리더(헤드 칼라), 가슴 줄(하네스)

목줄이나 가슴 줄, 젠틀 리더는 산책 시 필요합니다. 하지만 어떠한 줄을 선택하든 먼저 올바르게 산책하는 방법부터 배워야 합니다.

많은 보호자가 산책 줄을 선택할 때 이것저것 질문을 많이 합니다. "목줄과 가슴 줄 중에 어떤 게 더 좋은가요?"라는 물음에 대한 정답은 없습니다. 목줄과 젠틀 리더를 하고도 더 이상 흥분하지 않고 제멋대로 행동하지 않을 때 가슴 줄이나 다른 산책 줄로 바꾸는 것이 좋습니다. 산책할 때 줄을 사용하지 않으면 과태료를 물어야 하고, 자칫하면 반려견이 흥분해서 돌발 행동도 할 수 있습니다. 예방 차원은 물론이고, 반려견을 싫어하거나 키우지 않는 이웃을 위해서라도 반드시 줄을 착용해야 합니다.

밥그릇, 물그릇

사료와 물은 조금 떨어진 곳에 분리해서 주는 것이 좋습니다. 강아지일 때는 물과 사료가 함께 있는 식기가 편합니다. 하지만 성견일 때는 사료와 물을 더 주거나 그릇을 치우고 씻어야 할 때를 대비하여 물그릇과 밥그릇을 따로 구입하는 것이 좋습니다.

그릇은 플라스틱, 스테인리스, 목재, 세라믹 등 다양한 소재의 모양과 크기로 되어 있어서 반려견의 크기와 먹고 마시는 양에 따라 선택합니다. 단, 알레르기가 있거나 냄새에 예민한 반려견은 그에 맞는 식기를 선택해야 합니다. 물론 가까운 동물병원에서 어떤 알레르기에 예민하고 어떤 냄새에 민감한지 검사를 받아야 합니다.

Part 2

함께 살 준비,
마음부터 천천히

🦴 처음 며칠, 이렇게 도와주세요

반려견을 입양한 후의 첫 한 달은 가족으로 함께할 평생을 좌우합니다. "반려견은 어릴 때 데려와야 훈련이 잘 된다"라는 말을 한 번쯤 들어봤을 것입니다. 하지만 행동의학이나 행동학 관련 책들을 아무리 살펴봐도 이런 내용은 찾을 수 없었습니다. 아마도 아파트에 주거하는 인구가 많은 우리나라 생활 여건상 반려견을 실내에서 키우는 경우가 많기 때문에 크기가 작은 반려견을 선호하게 되면서 나온 말이 아닌가 싶습니다.

　반려견은 모량이나 혈통이 우수하고 건강한 체형이 좋습니다. 그저 크기만 작은 반려견이 아니라 정신적, 육체적으로 건강한 반려견을 선택해야 합니다. 하지만 건강 체크보다 더 중요한 건 '어디서 태어나고 어떻게 자랐는가'입니다.

　'좋은 환경'이란 태어나서 부모·형제와 최소한 3~4개월까지 함께 생활하는 것입니다. 이 시기에 가족과 뛰어놀면서 사회생활과 예절을 배우기 때문입니다.

　이러한 사회화 교육 과정이 생략되면 물거나, 울거나, 짖거나 하는 문제행동을 보이는 반려견이 되기 쉽습니다. 사회화 교육이 필수적이라는 것은 알지만 많은 보호자가 '바빠서, 어디서 배우는지 몰라서, 귀찮아서'라며 그냥 지나칠 때가 많습니다. 만약 피치 못할 사정이 있다면(어미 개가 출산할 때 폐사했거나 가족 구성원들의 질병 감염 등) 가까운 동물병원과 펫 유치원, 펫숍, 펫 카페, 훈련소 등에서 교육받을 수 있습니다.

　반려견의 성격은 유전적으로 타고나는 것과 후천적으로 어떠한 환경에서 자랐느냐에 따라 형성됩니다. 사회화 교육에 가장 좋은 시기는 생후 4주에서 12주 사이로 조기 교육이 중요합니다. "세 살 버릇 여든까지 간다"라는 속담처럼 반려견도 이때 좋은 습관을 지니면 보호자와 반려견 사이에 올바른 관계를 맺을 수 있습니다.

사회화 시기

사회화 시기는 보통 생후 4주에서 12주 사이입니다. 이 시기를 어떻게 보냈느냐에 따라 앞으로의 삶이 달라질 수 있습니다. 이 시기에 외부와 격리되거나 사람이나 다른 반려견과의 접촉이 없으면 이후 두려움이 생겨 어떤 자극에도 민감해질 수 있습니다.

"어서 와, 우리 집은 처음이지?"

반려견을 데려온 보호자는 새로운 가족을 맞이한다는 생각에 무척 들뜨고 설렙니다. 반려견 주위로 온 가족이 둘러쌀 것이고 저마다 '귀엽다, 예쁘다' 같은 말을 건넬 겁니다. 반려견의 몸 여기저기를 쓰다듬기도 하겠지요. 이런 상황을 맞닥뜨린 반려견은 어떤 감정을 느낄까요?

> **강아지 A:** 야호, 나도 가족이 생겼어. 신난다!
>
> **강아지 B:** 무서워. 왜 이렇게 많은 사람이 나를 둘러싸지?
>
> (당황해서 짖거나 무서워서 꼬리를 내림)

강아지 A와 같은 반응일 거로 생각하는 이가 많겠지만, 현실은 강아지 B와 같습니다. 낯선 곳, 낯선 사람들을 접하면서 강아지는 불안하기 짝이 없습니다. 부모·형제와 떨어지게 된 것도 마음이 안 좋습니다. 그래서 보호자는 갑자기 바뀐 환경에 당황하고 무서워하는 반려견을 먼저 배려해 주어야 합니다.

낯선 공간, 반려견은 두렵다

반려견이 처음 우리 집에 들어올 때 너무 놀라고 당황하지 않게 하는 것이 중요합니다. 큰소리를 내거나 우르르 모여들기보다는, 차분한 분위기 속에서 맞이합니다.

집 안에 들어온 후에는 집 구경을 시켜줍니다. 바닥에 내려놓고 스스로 둘러볼 수 있게 합니다. 집에 먼저 키우던 반려견이 있다면, 새로운 반려견이 들어올 때 기존 반려견을 현관 앞에 세워두고 함께 맞이하는 게 좋습니다. 이동 가방이나 크레이트를 열어서 새로 온 반려견이 스스로 나와서 기존 반려견을 자연스럽게 만날 수 있게 유도합니다. 그래야 둘 모두에게 스트레스를 덜어줄 수 있습니다.

기존에 키우던 반려견이 새로 온 반려견을 만나보지 못한 상황에서 주위의 관심이 한쪽으로 쏠리게 되면, 샘이 나서 공격적으로 돌변할 수 있습니다. 그러니 자연스럽게 상대를 접하게 하는 게 필요합니다.

반려견이 앞으로 지내게 될 집은 되도록 구석지고 안정된 곳에 자리를 잡고, 반려견이 스스로 들어가서 탐색할 수 있게 해줍니다.

반려견의 집은 보호자의 취향에 따라 고르면 됩니다. 일반적으로 방석형이나 동굴형을 많이 선호합니다. 반려견이 평소 갖고 놀던 장난감이나 이불 등을 갖고 와서 미리 넣어두면, 빨리 안정적으로 적응할 수 있습니다.

반려견이 머무는 공간에 물고 놀 수 있는 딱딱하고 탄성이 있는 장난감과 봉제 장난감을 넣어주어 편안함을 느끼게 해줍니다. 그리고 간식을 넣을 수 있는 장난감에 치약처럼 짜 먹는 영양제나 습식 사료를 발라주면 반려견의 긴장을 풀어주는 데 도움이 됩니다.

만약 반려견의 환경 분별력이 떨어져 화장실과 집을 구별하기 힘들어하고 집 안의 물건을 핥거나 물어뜯는다면, 반려견 집 앞에 울타리를 설치합니다. 우리가 어린아이를 키울 때 아이의 손에 닿지 않도록 위험한 물건을 치우는 것처럼, 반려견이 건들 수 없도록 물건들을 치워줘야 합니다. 그런데 많은 이가 이 점을 간과합니다. 화분이나 물건을 그대로 두었다가 반려견이 물어뜯으면 반려견만 탓합니다. 사리 분별을 못 하는 반려견에게 문제가 있는 것이 아니라, 물고 놀 수 있게 방치해둔 보호자의 잘못인데 말입니다. 이런 상황이 일어나지 않도록 환경과 반려견을 분리하는 것이 울타리입니다.

반려견이 울타리 밖으로 나올 때는 항상 문을 이용하는 습관을 들여야 합니다. 보호자가 귀찮아서 들어 올려 꺼내면, 반려견은 울타리를 나가려면 뛰어넘어야 한다고 배웁니다. 그때부터 반려견은 탈출하려고 뛰기 시작합니다. 반려견이 울타리를 나가려고 날뛰어 골치 아프다고 하는 분이 많습니다. 이는 보호자가 알려준 방식입니다. 반려견은 보호자를 보고 따라 배웁니다.

함께 살기 위한 약속들

반려견과 함께 살기 위해서는 기본적인 예절 교육과 지켜야 할 약속이 필요합니다. 그리고 모든 교육이나 배움에는 기초 과정이 있습니다. 기초 과정을 배운 후 기본 과정, 심화 과정으로 나아가야 합니다. 시간이 걸리더라도 기초 과정을 충분히 익히게 한다면 기본 과정, 심화 과정은 순조롭게 넘어가며, 반려견과 평생 행복한 시간을 보낼 수 있습니다.

품종에 따라 다르지만 대체로 반려견들의 참을성은 10~30분입니다. 그 이상 참을성이 있다 해도 집중하기 힘들기 때문에 하루 평균 15~20분 정도 교육에 투자하면 됩니다.

기초 과정은 반려견의 일과, 즉 매일 주어지는 식사, 산책, 간식, 배변·배뇨 훈련 등 최소한의 규칙을 알려주는 과정입니다. 누구든 충분히 해낼 수 있을 만큼 쉽습니다.

단, 명심하세요. 반려견과 보호자 사이에는 절대 서열이 없으며, 복종도 없습니다.

행동학 연구가 발전함에 따라 늑대의 계급 사회에 대한 이해가

바뀌었음에도 많은 동물 트레이너가 '우위성 이론'이라는 철 지난 개념으로 교육을 합니다. 반려견의 조상 격인 늑대는 무리 생활에서 한정된 자원을 이용하는 순서를 정하는데 이 과정에서 우위와 복종의 형태가 나타나고, 이를 '우위성 이론'이라고 부릅니다.

개의 조상이 늑대인 것은 분명하지만 지금은 개를 알기 위해 늑대를 연구하지 않습니다. 개와 사람의 관계에서는 자원을 먼저 이용하려는 다툼이 없습니다. 따라서 우위성 이론은 개의 공격성을 설명하기에는 적절하지 않습니다.

우위성 이론을 바탕으로 반려견을 훈련하려면 복종을 강요해야 하는데, 오히려 이것이 반려견에게 두려움과 공포를 불러일으켜 문제를 크게 만들 수 있습니다. 이미 미국 동물행동학학회AVSAB에서는 우위성 이론은 반려견의 행동을 이해하는 데 적절하지 않다고 분명히 밝히고 있습니다.

반려견과 보호자와의 관계는 다음과 같아야 합니다.

사람과 반려견 사이에 서열은 없다

존중과 우위성은 전혀 다릅니다. 우위성 이론에 기초한 교육은 더 이상 적용해선 안 됩니다. 반려견을 비롯해 동물의 정상적인 사회에서 서열을 위한 다툼은 극히 드뭅니다. 비정상적인 상황이나 극도의 악조건이 아니라면 다툼보다는 타협과 존중에 따라 행동합니다. 다툼은 그 자체로 뭔가 문제가 발생했다고 진단할 수 있습니다. 우위성에 기초한 교육은 잘못된 정보를 제공할 뿐만 아니라 보호자가 반려견에게 강압적으로 대하도록 유도해 결국 사람에게도 위험을 초래하는 심각한 문제가 됩니다. 사람과 반려견 사이를 복종을 통한 서열 관계가 아닌 신뢰 관계로 바라보고 적절한 사회화 교육을 진행해야 합니다.

반려견에게 존중하는 법을 가르친다

존중 교육의 핵심은 필요하거나 원하는 것이 있으면 스스로 조용히 앉아서 사람을 쳐다보게 하는 것입니다. 다른 대상 앞에 조용히 앉는 것은 반려견에게는 상대에 대한 존중을 의미합니다. 반려견들은 말을 할 수 없으므로 원하는 게 있을 때 때로는 짖고, 때로는 발로 긁고, 때로는 얌전히 앉아서 쳐다봅니다. 존중 교육은 이런 행동 중 얌전히 앉아서 쳐다보도록 하는 것입니다. 반려견도 우리와 유사하게 확장된 가족 형태의 사회로 이뤄졌기 때문에 이러한 행동이 가능합니다. 반려견들의 사회 구조는 다른 대상을 존중하는 체계이며, 그에 따른 규칙이 있습니다. '존중'은 사회 일원이 어떤 행동을 취하기 전에 다른 개체에 새로운 정보나 자원을 얻기 위해 조용히 기다리는 행동입니다.

어릴 때부터 모든 반려견에게 이러한 존중 교육을 가르치면 문제 행동이 최소화됩니다. 현재 반려견의 행동에 문제가 있든 없든 모두 도움이 되며 심지어 고양이에게도 효과가 있습니다.

존중하는 법을 어떻게 가르칠까

일단 반려견이 보호자를 얌전히 쳐다보며 집중하게 합니다. 반려견은 흥분된 상태가 아니라 전체적으로 이완된 상태여야 합니다. 보호자는 약속된 신호를 분명하게 알려줍니다. 이때 반려견에게 보호자의 신호는 신뢰를 바탕으로 해야 합니다.

모든 사회적 동물은 서로 어울리기 위해 나름의 규칙을 만들어갑니다. 고양이처럼 사회 구조가 조금 다른 동물도 정보를 주고받는 방식은 크게 다르지 않습니다. 보호자 역시 반려견과의 관계에서 관심을 가지고, 정보를 주고받는 능력을 키워야 합니다. 불필요한 갈등은 피하고 명확하게 소통하는 것이 반려견에게도 꼭 필요합니다. 불확실한 상황은 언제나 잠재적인 불안을 낳고, 이런 불안은 잘못된 행동을 유발하며 그 행동이 습관으로 굳어질 수 있습니다. 불확실성을 줄일 때, 비로소 문제행동이 줄고 반려견과 즐겁고 안정된 관계를 만들어갈 수 있습니다.

규칙의 중요성

모든 동물은 집단 내 규칙을 배워야 하고 대부분 시행착오를 통해 그 규칙을 익히게 됩니다. 반려견의 욕구를 만족시키기 위해 보호자와 어떻게 소통하는 것이 최상의 방법인지 가르쳐야 합니다. 문제행동을 하는 반려견에게는 부드럽지만 명확하고 일관된 규칙이 필요합니다.

일관된 규칙이라고 해서 엄격함과 무관용을 의미하는 것은 아닙니다. 엄격함은 훈육을 의미하는 것이며, 이는 신체적 체벌, 폭력 그리고 학대로 이어질 수 있습니다. 존중 교육뿐만 아니라 다른 모든 교육은 폭력과 학대 없이 실행되어야 합니다. 그렇지 않으면 절대로 신뢰를 얻을 수 없습니다.

벌칙 대신 무시하기

반려견의 행동을 바꾸기 위해 가해지는 사소한 신체적 체벌도 대부분 학대에 해당한다고 생각해야 합니다.

진정한 '벌'이란 통증을 주는 것이 아니라, 바람직하지 않은 행동이 자연스럽게 줄어들도록 반복적이고 일관된 규칙 속에서 스스로 포기하게 만드는 과정입니다.

그러나 이것은 현실적으로 쉽지 않습니다. 사람에게도 인내의 한계가 있기 때문입니다.

그럼에도 방법은 있습니다. 바로 문제행동이 나타날 때마다 체벌하는 대신, 무시하는 것입니다. 대부분의 반려견에게 '무시'는 신체적 처벌보다 훨씬 강력하고 효과적인 벌이 될 수 있습니다.

바른 행동을 알려주기

반려견을 평생 세 살짜리 아이로 생각하라는 말이 있습니다. 세 살짜리 아이에게 하지 말아야 할 일만 수없이 말하고, 해야 할 일을 알려주지 않는다면 계속 실수를 반복할 수밖에 없습니다. 반려견에게는 "안 돼!"라는 말과 함께, 대신 어떤 행동을 해야 하는지도 알려주는 것이 중요합니다. 예를 들어 반려견이 발을 과도하게 핥고 있을 때는 혼내거나 야단치는 대신, 다른 장난감이나 놀이로 관심을 돌려보세요. 간식이나 개껌을 주어 주의를 전환하거나, 얌전히 앉아 보호자를 바라볼 때 부드럽게 배를 쓰다듬어주며 칭찬과 보상을 해 주는 것이 좋습니다.

이렇게 하면 반려견은 자연스럽게 '무엇이 옳은 행동인지'를 배워갑니다.

흥분을 가라앉히기 위한 세 가지 단어

반려견의 문제행동의 근본적인 원인은 하나로 정리할 수 있습니다. 개라는 동물이 '쉽게 흥분하는 습성을 가지고 있어서'입니다. 갑작스럽게 물거나, 짖고, 물어뜯는 모든 행위의 원인을 들여다보면 반려견이 흥분했기 때문입니다.

특정 상황에서 반려견이 흥분했다면 어떻게 해야 할까요? 당연히 흥분을 가라앉히는 일이 우선입니다. 반려견이 흥분하면 물거나 공격성을 보일 수 있기 때문입니다. 우리나라에서도 반려견에게 물리는 사고가 매년 수천 건 발생합니다. 그때마다 보호자는 한결같이 "우리 반려견은 원래 안 무는데요"라고 말합니다. 하지만 그렇게 말하기 전에 먼저, 무는 행동은 좋지 않다는 것을 반려견에게 인식시켜야 합니다.

반려견을 키우면서 일어나는 사고 중 가장 위험한 것이 무는 행동입니다. 이는 가족의 손과 발, 다리뿐 아니라 얼굴까지 가리지 않고 이어질 수 있습니다.

이 밖에도 반려견은 갑자기 주위 환경이 산만해진다거나, 고함이나 차량, 오토바이에서 갑작스럽게 큰소리가 나면 불안해하며 흥분하기 시작합니다. 또한 고양이가 지나가고, 다람쥐나 들쥐, 새들이 보이면 쫓아가려는 행동으로 흥분하기 시작합니다.

흥분을 낮추기 위해서는 "앉아!" "기다려!" "엎드려!"라는 명령을 통해 안정적인 자세를 유도합니다. 지금부터는 두 살 된 몰티즈 막둥이(암컷)와 3~4개월가량의 두리에게 직접 교육해 보고 효과를 본 방법을 소개해 보겠습니다. 둘은 자매이고 선천적 심장병이 있어서 집에서 애지중지 키웠습니다.

"기다려!"

"기다려!"는 3~4개월의 반려견을 교육할 때 매우 효과적입니다. 먼저 사료나 간식을 보여줍니다. 이때는 사료와 간식이 전부인 시기라 사료 앞에서는 사족을 못 씁니다. 사료를 주면 설거지한 것처럼 깨끗하게 먹습니다.

사료를 조금씩 손에 쥐고서 반려견의 코에 갖다 댑니다. 그러면 먹기 위해 덤비기 시작합니다. 심지어 짖는 경우도 있습니다. 두려워하지 말고 한 손으로 반려견을 살짝 막습니다. 다가오지 못하게만 하면 됩니다. 반려견은 이 상황이 뭔지 알지 못한 채 무조건 전진만 하려고 합니다. 조금씩 적응해 갈 때쯤 "기다려!"라는 굵고 짧은 목소리로 반복적으로 말하면, 어느새 손을 치워도 그 자리에서 기다립니다.

"앉아!"

그리고 나서 "앉아!"를 알려줍니다. 물론 이 과정 없이도 '앉아'는 배울 수 있습니다. "앉아!"를 가르칠 때 보호자는 반려견의 시선보다 높은 곳에 있어야 합니다. 보호자를 쳐다보는 시선이 높을수록 "앉아!"를 쉽게 알려줄 수 있습니다.

손에 사료나 간식을 쥐고 반려견에게 냄새를 맡게 한 뒤에 손을 쳐다보게 합니다. 그 자리에 서서 손만 보호자의 눈 옆으로 가져갑니다. 그러면 반려견의 시선은 위로 향합니다. 이렇게 위를 쳐다보려면 반려견은 저절로 앉을 수밖에 없습니다. 반려견이 그대로 따라 하지 않으면 한 걸음 정도 더 다가섭니다. 그러면 간식을 움켜쥔 손이 더욱 높아져 반려견은 자연스레 앉은 자세를 취합니다.

앉을 때마다 그 순간을 놓치지 말고 사료나 간식을 한 개씩 보상으로 주어야 합니다. 타이밍을 놓치지 않도록 주의하세요. "앉아!"라고 소리 내어 행동과 말을 연결합니다. 앉아 있는 순간 클리커(또는 크리켓, '클릭' 소리를 내는 장치)를 사용해도 되고, 아니면 "눈!"이라고 말해도 됩니다. 어느새 사랑하는 반려견이 "기다려!"와 "앉아!"를 잘하는 친구가 되어 있을 것입니다.

"엎드려!"

엎드리는 자세는 앉기와 달리 시선을 낮춥니다. 보호자도 앉은 자세로 반려견과 눈높이를 맞춥니다. 앉아 있는 반려견 앞에 간식을 놓고 손으로 덮어서 가립니다. 손을 앞뒤로 움직이면서 반려견의 관심을 끕니다. 반려견은 냄새를 맡으려고 시선과 자세를 더욱 낮추게 되는데 배와 가슴이 바닥에 닿는 순간, 손으로 가렸던 간식을 보여 줍니다. 그러면 반려견은 자연스럽게 엎드린 자세를 해야 간식을 먹을 수 있다는 것을 알게 됩니다. 그러면서 "앉아!"와 같은 방법으로 "엎드려!"라고 소리와 행동을 연결해 반복 학습을 하면 엎드리는 자세를 확실히 가르칠 수 있습니다.

엎드리는 자세는 가슴과 배가 바닥에 닿아 호흡과 심박수를 낮춰 안정감을 줍니다. 이는 반려견이 흥분했을 때 가장 효과적인 방법입니다. 엎드리기 훈련이 된 반려견은 언제 어디서든 약속된 행동을 할 수 있습니다.

단, "앉아!" "엎드려!" "기다려!"를 훈련할 때는 처음부터 길게 하지 않아야 합니다. 처음에는 행동만 하고, 그 뒤에는 3초, 5초, 10초, 15초, 20초, 30초, 1분 이상으로 연습을 해나갑니다. 물론 흥분을 가라앉히려면 1분 이상 자세를 유지해야 합니다. 처음부터 잘할 수 없으므로 매일 사료 주는 시간과 간식 주는 시간을 이용하여 반복 학습을 해야 합니다.

　한 번에 집중하는 시간은 평균적으로 15~20분 정도이고, 최소한 3천 번 정도를 해야 완벽하게 알아듣고 행동합니다. 3천 번이라니 끔찍해 보이나요? 하루에 두세 번, 사료와 간식을 줄 때마다 하면 됩니다. 그러면 금방 횟수가 늘어나 일주일이면 수십 번, 수백 번을 연습한 셈이 됩니다. 훈련하는 동안 보호자가 먼저 지루해하거나 초조해하지 말고 기다리고 존중하면 반려견은 금세 뭐든지 알아들을 수 있습니다.

클리커 훈련

누르면 '딸깍' 소리가 나는 클리커는 반려견의 뛰어난 청각을 이용해 규칙을 인식하고 보호자와 교감하도록 돕는 반복 학습 도구입니다. 반려견의 청각은 사람보다 약 세 배 이상 예민하며, 시각보다 청각 신호에 더 쉽게 집중합니다.

예를 들어 보호자가 클리커 소리와 함께 '앉아'라고 말하고, 반려견이 올바르게 행동하면 간식으로 보상합니다.

이러한 과정을 여러 번 반복하면 반려견은 '앉으면 좋은 일이 생긴다'는 것을 학습하고, 그 행동을 긍정적으로 받아들이게 됩니다.

크레이트 교육

크레이트 교육은 어딘가로 이동할 때 반려견의 불안을 없애기 위한 교육으로 매우 중요합니다. 또한 크레이트 교육에 익숙한 반려견은 동물병원에 입원했을 때 케이지나 입원장에서 큰 문제 없이 지낼 수 있습니다.

사실 크레이트는 반려견에게 아무런 의미가 없는 외부 자극에 해당합니다. 그러나 크레이트 내에서 지속적으로 사료를 공급받으면 크레이트는 기분 좋은 장소가 됩니다.

이런 교육이 없는 상태에서 갑자기 동물병원으로 이동할 때 크레이트를 사용하게 되면 불쾌한 자극으로 다가와 크레이트는 기분 나쁜 공간이 되어버립니다.

처음에는 문을 열어둔 상태에서 크레이트 안에 사료나 간식을 주고, 어느 정도 익숙해지면 문을 잠그고 위쪽 틈을 이용해서 간식을 제공해 주면 좋습니다. 그리고 "크레이트!" "하우스!" "홈!"이라고 외치면서 크레이트 안쪽으로 간식을 던져줍니다. 그러면 어느새 "크레이트!" "하우스!" "홈!"만 외쳐도 크레이트로 들어가서 안정을 취합니다.

크레이트 교육은 간식을 주거나, 사료를 주기 전에 해도 되고, 하루에 15분씩 2회 정도 반복하면 금세 배웁니다. 집에서 일상생활을 할 때 가끔 크레이트에서 사료나 간식을 주고 지속적으로 교육하면 좋습니다.

만약 이러한 모든 교육 과정에서 반려견이 순응하지 않으면 억지로 진행하지 않는 것이 중요합니다. 무턱대고 억지로 하다 보면 더욱더 나쁜 경험을 갖게 되어 이후 더 힘들어질 수 있습니다. 올바른 교육법을 통해 반려견이 즐겁게 생활하면서 여러 교육에 순응할 수 있게 돕는 것이 목표입니다. 만약 훈련을 잘 따르지 않으면 잠시 쉬었다가 하세요. 신나게 한번 뛰어논 뒤 하면 훈련에 좀 더 집중할 수 있습니다.

쓰다듬고 만지기

스킨십, 즉 반려견의 몸을 쓰다듬고 만지는 것입니다. 이런 스킨십 교육은 어렵지 않습니다. "개도 먹을 때는 건드리지 않는다"라는 말을 많이 들어봤을 겁니다. 그래서 반려견이 먹을 때는 건드리면 안 된다는 잘못된 인식을 하고 있습니다. 반려견이 간식이나 사료를 먹을 때 스킨십은 매우 중요합니다.

반려견에게 간식 먹는 시간은 기분 좋은 시간입니다. 그때 덜 예민한 등이나 배부터 시작하여 꼬리, 항문, 입, 이빨, 발, 발바닥, 발톱, 귀 등을 천천히 쓰다듬고, 살살 만져나간다면 이 또한 기분 좋은 일로 인식하게 됩니다. 물론 생각처럼 금세 익숙해지지는 않습니다. 천천히 조금씩 만지면 간식 없이 스킨십만으로도 매우 기분 좋아합니다. 나중엔 간식으로 보상하던 것을 스킨십만으로도 충분해집니다.

이런 시간을 갖지 않은 채 갑자기 반려견의 귀를 청소하고, 양치질해 준다고 입을 만지거나, 목욕 후 건조를 위해 갑작스레 몸을 껴안으면 스트레스를 받거나 흥분하여 보호자를 물 수도 있습니다.

반려견의 건강을 관리하려면 일단 몸을 자유자재로 만질 수 있어야 합니다. 몸의 이상을 빨리 발견하기 위해서도 스킨십은 중요한 역할을 합니다.

우선 핸드콩을 활용하여 반려견이 사료에 집중할 때 몸을 만집니다. 반려견이 먹이에 집중한 상태이므로 충분히 필요한 부분을 적극적으로 만지는 연습을 합니다. 이것이 익숙해지면 다음에는 몸을 먼저 만지고 나서 간식으로 보상을 합니다. 최종적으로 보상 없이도 칭찬만으로 몸을 만질 수 있는 단계까지 진행합니다. 빗질이나 발 닦기도 같은 방법으로 하면 됩니다. 이는 위생 미용 편에서 다시 자세히 설명하겠습니다.

반려견의 몸을 만질 때는 실랑이를 하지 말고 핸드콩 등으로 주의를 돌려가며 진행합니다. 그런데 빗질 과정처럼 두 손을 모두 써야 할 때는 핸드콩을 활용하기 어렵습니다. 이때는 반려견을 위한 치태 제거용 껌처럼 혼자서 집중해서 먹을 수 있는 것을 제공합니다. 만약 반려견이 신경을 곤두세우면 잠시 쉬었다가 다시 진행해 봅니다. 계속해서 신경 쓴다면 이는 아직 스킨십 훈련이 부족하거나 치아 관리용 껌에 관심이 적다는 것을 의미합니다. 몸 만지기 훈련부터 다시 실시하고 좀 더 기호성이 높은 간식을 제공합니다.

관리나 훈련할 때마다 반드시 간식을 제공해야 하는 것은 아닙니다. 반려견이 기분 좋을 때나 나른할 때는 천천히 몸을 쓰다듬어주는 것도 하나의 보상입니다. 이는 반려견과 보호자 간에 서열이 아닌 신뢰 관계가 형성되어야 가능합니다.

입마개 착용하기

병원이나 미용실, 펫숍을 가거나 즐거운 산책을 할 때 입마개 muzzle를 씌우는 것은 이웃에 대한 배려이고 예의입니다. 어떤 이들은 입마개를 씌우는 것이 자유를 억압하는 동물 학대라고 주장하지만 그렇지 않습니다. 맹견이 아니더라도 외출 시에는 입마개가 필수입니다. 특히 산책할 때는 비둘기나 길고양이, 다람쥐 등으로 갑자기 흥분해서 쫓아가는 등 예상치 못한 일이 생길 수 있습니다. 반려견이 흥분하면 물거나 짖는 등 위험한 행동을 할 수 있기 때문에 꼭 필요합니다.

입마개에 익숙하게 하는 방법 또한 어렵지 않습니다. 우선 입마개를 보여주고 간식이든 스킨십이든 보상을 합니다. 이때 입마개의 반대쪽 끝부분에서 보상을 제공하여 반려견이 입을 입마개에 스스로 넣을 수 있게 합니다. 입마개를 씌운 후에는 보상을 주고 바로 벗깁니다. 이 방법으로 조금씩 시간을 늘려가며 다양한 장소에서 착용하게 하면, 입마개를 하는 것이 스트레스나 두려움이 아닌 하나의 약속된 행위로 느낍니다.

입마개는 어렸을 때부터 쓰는 훈련을 해서 익숙해지게 하는 것이 좋습니다.

입마개를 사용할 때는 다음 사항을 주의해야 합니다.

1. 반드시 입마개에 완전히 익숙해진 이후부터 본격적으로 사용해야 합니다.

2. 입마개를 착용했다고 반려견이 싫어하는 일을 무리하게 시켜서는 안 됩니다.

3. 더울 때는 상당한 스트레스를 줄 수 있으니 주의해야 합니다.

4. 상황에 따라서 바스켓 입마개를 사용합니다.

올바르게 깨무는 법

반려견을 유기하는 가장 큰 이유 가운데 하나는 보호자를 향한 공격성 때문입니다. 이미 발현된 공격성은 교정을 통해 줄일 수 있지만 완전히 없애기는 어렵습니다. 따라서 적절한 교육을 통해 미리 예방하는 게 매우 중요합니다. 어릴 적부터 깨무는 행위를 조절하는 교육을 받지 못하면 성견이 됐을 때 보호자를 무는 행위로 이어질 수 있으므로 반드시 교육이 필요합니다.

반려견의 무는 행위는 소통의 의미가 있습니다. 이는 문제행동이 아니며, 반려견 입장에서는 지극히 정상적인 행동입니다. 반려견끼리의 놀이를 통해 무는 행동을 자제하는 법을 배우게 하는 것이 가장 바람직한 교육입니다. 이것이 여의치 않다면 장난감으로 놀면서 에너지를 발산하고, 물 때 어떻게 해야 하는지 교육해야 합니다.

손에 장난감을 쥔 채 반려견과 놀아주다가 사람을 물면 "아야!" 라고 짧고 강하게 말한 뒤 잠시 자리를 떠야 합니다. 그때는 시선도 맞추지 말고 반응도 보이지 않은 채 물자마자 자리를 벗어나는 게 좋습니다. 가능하다면 반려견의 시선을 뺏을 만한 물건이 없는 방에서 단둘이 교육해야 효과적입니다.

이 방법은 강압적이거나 폭력적인 방식이 아닌, 온순한 훈육법입니다. 함께 놀던 보호자를 물면 재미있던 놀이가 중단된다는 사실을 깨닫고, 무는 행동이 부정적이고 좋지 않다는 인상을 심어주는 것입니다. 반려견은 어릴 때 모유를 먹다가 젖을 물면 어미가 으르렁거리며 젖을 주지 않는다는 것을 이미 알고 있습니다.

반려견이 수시로 물려고 든다면, 보호자는 사람을 물려고 할 때마다 장난감으로 대체해 줍니다. 물론 그전에 흥분을 가라앉히는 방법부터 가르쳐 주고, 사람을 무는 것보다 더 즐겁게 물고 놀 수 있는 장난감이 있다는 걸 알려줘야 합니다. 이러한 예절을 배우지 않은 반려견을 데리고 무작정 산책을 하러 나가는 것은 매우 위험한 일입니다. 나의 반려견이 이웃뿐만 아니라 우리 가족도 언제든 물 수 있다는 점을 명심해야 합니다.

이름 부르기와 "이리 와!"

반려견에게 자신의 이름과 "이리 와!"는 세상에서 가장 행복한 소리가 되어야 합니다. 이름과 "이리 와!"는 반려견의 행동을 조절하는 기본 언어이자 소리입니다. 이 소리는 반려견이 '주인의 말에 억지로 복종'하는 것이 아니라, 능동적으로 주인의 의도에 반응하게 만드는 주의 환기 장치로 사용되어야 합니다. 그러니 반려견이 이 두 마디에 행복하게 응하게 하는 것이 중요합니다.

반려견을 혼내거나 규칙을 지키지 않으면 이름을 크게 부르는 모습을 흔히 볼 수 있습니다. "막둥아! 이리 와! 막! 둥! 아! 이리 오라고!" 이렇게 큰소리로 이름을 부르면 우선 보호자를 쳐다는 봅니다. 하지만 반려견은 보호자의 표정과 손에 무엇을 쥐고 있는지 살피고는 간식이 없으면 휙 하고 돌아서 가 버립니다. 이게 바로 우리가 속된말로 흔히 말하는 '개 무시'입니다. 여러분은 매일같이 사랑하는 반려견으로부터 이처럼 '개 무시'를 당하며 살고 있었던 것입니다.

반려견 놀이터에 강의를 나가거나 반려견과 함께 산책하러 나가보면 거의 대부분의 반려견이 똑같은 행동을 합니다. 보호자가 반려견의 이름을 부르며 오라고 하지만 바로 반응하는 반려견은 많지 않습니다. 왜 그럴까요? 이름을 부르면서 오라고 해놓고 혼을 낸 적이 있었기 때문입니다.

앞서 언급했듯이 반려견에게 '이름과 이리 와'라는 소리는 세상에서 가장 행복하고 맛있는 소리로 알게 해야 합니다. 하지만 문제는 우리가 그렇게 사용하지 않았다는 것입니다.

지금부터라도 바꿔야 합니다. 기본적으로 반려견은 자신의 눈앞에 보이는 것만 생각합니다. 따라서 어떤 지시를 하려면 우선 반려견이 무엇인가를 보게 해야 합니다.

교육법은 간단합니다. 이름을 부르면서 보상하는 것입니다. 이름을 불러서 쳐다보게 하고 이후에 보상합니다. 이렇게 반복하다 보면 나중에는 보상을 하지 않더라도 이름을 부르면 달려옵니다.

반려견과 산책하다 줄을 놓치는 경우가 발생할 수 있습니다. 이 때 "이리 와!" 교육이 되어 있지 않다면 위험 상황에 노출될 수도 있습니다. 간혹 "이리 와!"를 해서 오긴 했는데 왔다가 바로 가 버리는 경우가 있습니다. 그것은 "이리 와!"에 반응해 오자마자 너무 성급하게 보상했기 때문입니다. 반드시 "이리 와!"를 한 후 보호자가 줄을 다시 잡았을 때 보상해야 합니다. 그리고 이름을 부르지 않은 상황에서 반려견이 다가왔을 때는 보상하지 않아야 합니다.

간식 주는 시간을 엄격히!

평소에 진료하거나 강의를 나가면 보호자들에게 자주 하는 질문이 있습니다. "사랑하는 반려견에게 언제 간식을 주나요?"라고 물어봅니다. 그러면 여러 가지 대답이 나옵니다.

"사랑스러울 때!"
"산책을 다녀온 후!"

"외출 나갈 때!"

"보호자가 밥 먹을 때!"

"밥 먹기 전에!"

"사료를 다 먹었을 때!"

"보호자가 과일이나 후식을 먹을 때!"

간식을 주는 이유는 이처럼 수없이 많습니다. 하지만 모두 잘못된 방식입니다. 규칙과 규율을 지켜서 보상을 받는 것이 아니라, 이유 없이, 약속 없이 먹게 되는 공짜 간식입니다. 우리는 갖가지 이유로 합리화하며 간식을 줍니다. 반려견을 사랑하는 방법은 간식을 주는 것이 아니라 함께 놀아주고 산책하는 것입니다.

간식이 반려견에게 행복의 전부가 되면 안 됩니다. 반려견에게 간식을 줄 기회는 많습니다. 일부러 주려고 하지 않아도 배변·배뇨를 잘했을 때, 이름을 불러서 왔을 때, "이리 와!"라는 소리에 달려왔을 때, 밥이나 간식 주기 전 "앉아!" "엎드려!" "기다려!"라는 소리에 응답했을 때, 또는 초인종이나 전화벨이 울렸는데 짖지 않을 때, 집이나 크레이트 안에 들어갔을 때 등 셀 수도 없습니다. 이런 때만 간식을 주어도 충분합니다. 이보다 더 많이 주면 건강상 문제를 일으킬 수 있습니다.

예를 들어 택배 기사가 방문할 때마다 반려견이 짖어서 스트레스를 받는다면 같은 방법을 사용하면 됩니다.

"막둥아, 누가 왔구나? 알려줘서 고마워!" 하고 간식을 줍니다. 또는 "앉아!" "엎드려!" "기다려!"를 통해 흥분을 가라앉히고, "크레이트!" "하우스!" "홈!"이라고 말해 집으로 들어가게 합니다. 이때 간식을 적절하게 사용하면 이후에는 초인종이 울렸을 때 흥분하지 않고 집으로 들어갑니다.

다시 한번 말하지만, 규칙을 지키지 않고 약속되지 않은 경우에 주는 공짜 간식은 행동 약속을 깨게 하는 좋지 않은 습관을 만든다는 걸 명심해야 합니다.

🦴 예방접종 시기는 중요합니다

　반려견은 강아지부터 노견에 이르기까지 건강과 생명을 위협하는 세균과 바이러스 등의 감염성 질환에 노출되어 있습니다. 하지만 예방접종을 했어도 항체를 만들지 못하는 경우도 있으므로, 동물병원에서 접종한 후에는 검사를 통해 특정 백신에 대한 항체가 잘 형성되었는지 꼭 확인해야 합니다. 항체가 형성되지 않으면 예방접종을 했어도 아무 효과가 없기 때문입니다. 반려견에게 필요한 예방접종은 가능하면 빠짐 없이 맞히는 것이 질병을 예방하는 가장 좋은 방법입니다.

　외출이나 산책이 적으니 예방접종을 하지 않아도 된다고 여기는 보호자들이 있습니다. 그러나 이는 매우 위험한 생각입니다. 전염병의 무서움은 코로나19 팬데믹 때 이미 충분히 경험했습니다. 감염자와 직접 접촉하지 않아도, 같은 공간에 있는 것만으로 면역력에 따라 쉽게 감염될 수 있습니다. 이처럼 전염병은 눈에 보이지 않는 순간에도 퍼질 만큼 위협적입니다. 반려견이 외출을 자주 하지 않더라도, 예방접종은 생명을 지키는 최소한의 방어막이라는 점을 잊지 말아야 합니다.

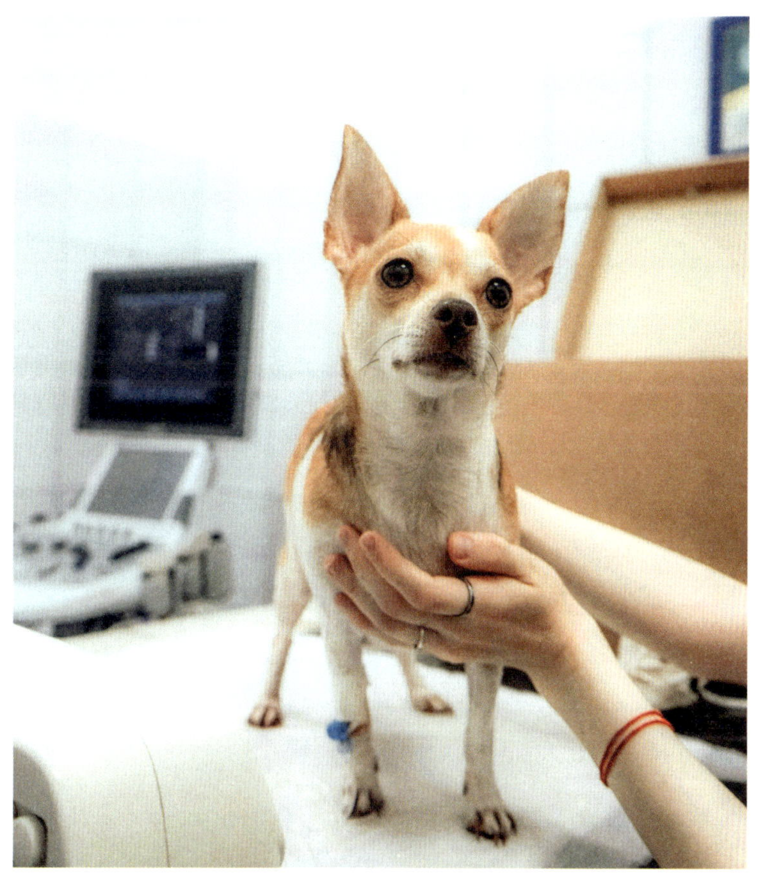

　　예방접종을 할 때는 사람과 마찬가지로 반려견도 그날의 컨디션
이 좋아야 합니다. 평소에 혈액 검사 등을 통해 규칙적으로 건강 상
태를 체크해 주는 게 좋습니다.

기초 예방접종 스케줄

1차 종합백신(DHPPL) + 코로나 장염

2차 종합백신(DHPPL) + 코로나 장염

3차 종합백신(DHPPL) + 코로나 장염

4차 종합백신(DHPPL) + 전염성 기관지염

5차 종합백신(DHPPL) + 전염성 기관지염

6차 전염성기관지염(켄넬코프) + 인플루엔자 1차

7차 인플루엔자 2차 + 광견병

- DHPPL: 개 홍역(D), 개 전염성 간염(H), 파보바이러스 장염(P), 파라 인플루엔자(P), 렙토스피라증(L)
- 5차 접종 1~2주일 후, 항체 검사(면역치 1~6까지 측정)
- 치사율이 높은 간염, 파보바이러스 장염, 홍역에 대해 검사
- 면역치가 5 미만일 경우 DHPPL 추가 접종 권장(1~2회)

1년마다 보강 접종

종합백신, 코로나 장염, 전염성 기관지염, 광견병, 인플루엔자

- 참고사항: 동물병원마다 접종 스케줄은 차이가 있을 수 있습니다.

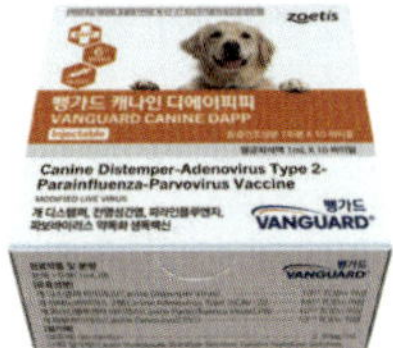
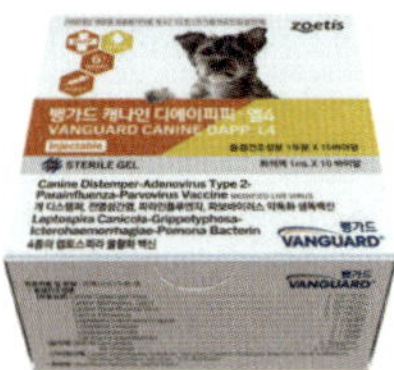
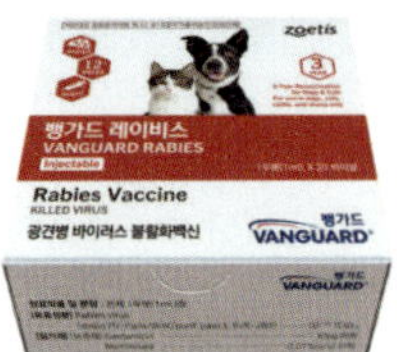
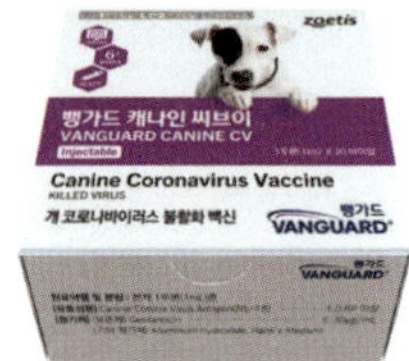

반려견을 키운다면 누구나 심장사상충을 들어보았을 것입니다. 모기를 매개로 전염되는 심장사상충은 사망에까지 이르게 하는 무서운 기생충입니다. 일단 감염되면 치료가 어렵고, 치료 시 기생충이 죽으면서 혈관을 막는 합병증까지 유발할 수 있어서 예방이 필수입니다.

요즘 나오는 심장사상충 예방약은 내·외부 기생충 구제제가 포함되어 있어서 굳이 따로 복용시키지 않아도 되므로 간편합니다. 복용 후 3~4주 동안 효과가 유지되므로 보통 한 달에 한 번 먹이거나 목 뒤에 바르면 간편하게 예방할 수 있습니다.

중요한 점은 한 달에 한 번 예방약을 먹일 때 반려견의 건강 상태를 살펴야 한다는 것입니다. 예방약을 먹고 부작용에 시달릴 수 있으므로 반드시 건강 상태를 확인한 후 먹이거나 발라줍니다.

심장사상충과 벼룩, 진드기 예방

- 한 달에 한 번 예방

- 심장사상충의 자충microfilaria을 예방 및 구제함

- 산책 시 피부에 붙어 빈혈 및 전염병을 일으킬 수 있는

  외부 기생충 구제

회충, 편충 예방

- 두세 달에 한 번 예방

- 구제 후 분변에서 흰색 실지렁이가 나오면

  추가 검사 및 내복약 복용 요망

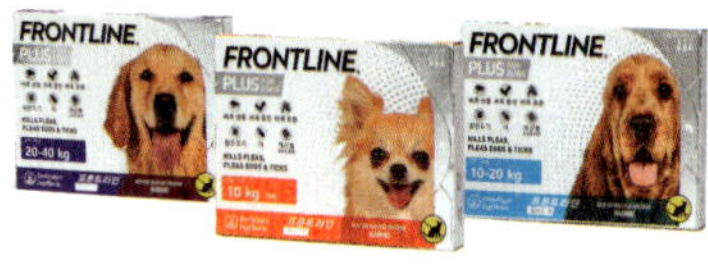

간단한 진드기 예방법

진드기는 검은깨처럼 아주 작은 것부터 콩알만 한 크기까지 종류가 다양한데, 반려견의 피부에 달라붙어 피를 빨아먹습니다. 따라서 산책할 때 반려견에게 진드기가 피부에 달라붙지 못하도록 얇은 옷을 입히는 게 첫 번째 진드기 예방법입니다. 이외에 반려견의 등에 약을 바르거나 진드기를 제거하는 약을 통에 담아 목걸이로 걸어주는 방법도 있습니다. 진드기가 싫어하는 에센셜 오일로 만든 스프레이를 몸에 뿌려도 효과가 있습니다.

사랑으로 지켜야 할 요주의 식품 리스트

　반려견의 건강 상태에 따라 먹여야 할 음식과 먹이지 말아야 할 음식이 달라집니다. 기본적으로 반려견에게는 전용 사료와 간식을 주는 것이 가장 좋습니다. 보호자가 먹는 음식을 함께 나누는 것은 칼로리 조절이 어렵고, 이미 사료와 간식으로 충분한 영양을 섭취하고 있는 상태에서 영양 과잉이 될 수도 있으므로 피하는 것이 좋습니다.

　많은 보호자가 "우리 강아지가 먹는 사료는 맛이 없어 보이고, 영양소가 부족한 것 같다"라며 사람이 먹는 음식을 주고 싶어 합니다. 하지만 그것은 보호자의 착각일 뿐입니다.

　다음 소개하는 음식들은 반려견이 절대 먹어서는 안 되는 것들입니다. 만약 실수로 먹었다면, 즉시 동물병원에 방문해 응급 처치와 정밀 검사를 받아야 합니다.

건포도 같은 말린 과일과 견과류

신장과 위장에 좋지 않습니다. 품종에 따라서 나타나는 전형적인 증상은 없지만 일부 품종은 급성으로 신부전을 일으킬 수 있습니다. 일단 신부전이 발병하면 3~4일 이내에 사망할 수 있습니다. 이 외에도 구토, 설사, 혼수, 탈수, 식욕 부진과 같은 증상이 나타납니다.

오렌지, 귤, 레몬, 딸기, 사과 등의 모든 과일

위장 이상(위염, 설사 등)을 일으킵니다. 사과, 배, 복숭아, 자두, 살구 등의 과일 씨앗 속에는 시안화 성분으로 불리는 청산글리코시드 cyanogenic glycoside라는 독성 물질이 들어있어 현기증, 호흡 곤란, 경련, 쇠약, 호흡 쇼크 등을 유발해 혼수상태에 빠질 수 있습니다. 과육을 주는 것도 좋지 않으므로 주의해야 합니다.

양파와 마늘이 들어간 음식

신장 손상 및 중독 증상을 일으킬 수 있습니다. 양파와 마늘은 반려견의 혈액 속에 있는 적혈구를 파괴합니다. 이러한 증상은 바로 나타나기도 하지만, 대부분 급성으로 증상이 발현하지 않기 때문에 악화될 때까지 모르고 지낼 수 있습니다. 소변이 진한 오렌지색이나 어두운 빨간색으로 변하면 음식 속에 포함된 이런 재료 때문인지 알아봐야 합니다. 이런 음식은 신장 및 비뇨기 손상을 초래하며, 심한 경우에는 수혈이 필요합니다.

오징어

소화기 이상 및 폐색의 위험이 있습니다. 사람이 먹어도 소화가 잘 안 되는 식품이 오징어입니다. 말린 오징어는 작은 크기이지만 꼭꼭 씹지 않고 삼킬 경우 소화가 되지 않아 위장 내에서 폐색(막힘 증상)을 일으킵니다.

우유와 유지방(치즈, 요구르트 등) 제품

우유, 요구르트 등은 설사 및 위장 장애를 일으킬 수 있습니다. 우유만 먹으면 설사하는 사람들이 간혹 있는데 반려견도 마찬가지입니다. 우유 속의 젖당(락토스)과 같은 성분을 분해하는 효소가 없어서 설사, 구토, 오심 등의 급성 위장 장애를 일으킵니다. 우리 집 반려견은 먹어도 괜찮다는 보호자도 있습니다. 반려견의 생명에 당장은 무리가 없겠지만 장기간 먹게 되면 만성 질환을 유발할 수 있고, 오랜 기간 먹은 만큼 치료 과정과 시간도 길어집니다.

고기류

염분 및 단백질 과다 섭취로 인한 장애, 치석 유발 및 심장의 손상을 초래합니다. 베이컨, 치즈, 소시지처럼 지방이 많은 음식은 급성 췌장염을 일으키고 소화와 영양 흡수에 문제가 발생합니다. 구토를 많이 하게 되면 심각할 경우 폐사할 수 있습니다. 양념을 하지 않거나 소금기가 없는 고기도 마찬가지입니다. 당연히 생고기도 좋지 않습니다.

빵과 과자류

대부분 빵과 쿠키, 과자류는 우유와 밀가루 효모로 만들어집니다. 이러한 것들은 섭취 후 빠른 시간 안에 알코올 성분을 만들고, 위장 내에 가스가 가득 차 구토와 복통을 일으킵니다. 심각해지면 위장 장애로 목숨을 잃을 수도 있습니다.

초콜릿 및 카페인

초콜릿은 사람들 입맛에 너무나 달콤해서 반려견도 좋아할 거라고 착각합니다. 초콜릿 성분에는 항산화 물질이 풍부하게 들어있지만, 카페인과 테오브로민theobromine이라는 성분도 들어있습니다. 이 두 성분은 메틸화크산틴이란 화합물로 이뤄져 있는데, 이 크산틴 유도체는 동물에게 독성 작용을 합니다. 따라서 이런 음식을 섭취한 반려견은 심한 구토와 탈수 증상을 보입니다. 또한 심각한 복부 통증, 심한 불안, 오한 같은 근육 떨림, 심장 부정맥, 급격한 체온 상승, 발작 등을 일으킬 수 있으며 심한 경우 사망합니다.

마카다미아와 아보카도

견과류인 마카다미아에는 반려견에게 해로운 독성 물질이 들어있습니다. 섭취 시 근육이 약해지고, 심한 경우에는 제대로 걷지 못할 정도로 몸이 쇠약해질 수 있습니다. 또한 온몸의 떨림, 보행 시 비틀거림, 우울 증상, 저체온증 등이 나타날 수 있습니다.

아보카도 역시 주의해야 할 식품입니다. 잎, 씨앗, 껍질에는 '펄신persin'이라는 독성 물질이 함유되어 있으며, 심지어 과육에도 소량 포함되어 있습니다. 이를 모르고 먹이는 보호자도 있는데, 반려견이 펄신을 섭취하면 소화기 장애로 인한 복부 통증, 호흡 곤란, 흉부 팽창 등의 증상이 나타날 수 있습니다.

🦴 따로 또 같이 놀아요

보호자가 외출한 뒤에도 반려견이 혼자 있는 시간을 두려워하지 않도록 하려면, 스스로 놀 수 있는 환경을 마련해 주는 것이 중요합니다. 예를 들어 간식이나 사료를 넣을 수 있는 피딩 토이*feeding toy*를 집 안 곳곳에 숨겨두면, 반려견은 그것을 찾아다니며 자연스럽게 운동을 하게 됩니다. 일석이조의 혼자 놀기가 되는 셈입니다.

노즈워크용 장난감, 운동과 간식 보상이 결합된 로봇 장난감, 공을 던지고 다시 장비에 넣으면 간식이 나오는 자동 장난감 등도 좋은 선택입니다.

간혹 "우리 강아지는 장난감에 관심이 없어요"라고 말하는 보호자들이 있는데, 대부분은 반려견에게 놀이 방법을 가르쳐 주지 않았기 때문입니다. 반려견도 놀이의 재미를 '배워야' 흥미를 느낄 수 있습니다.

보통 5kg 전후의 소형견이라면 약 30개 정도의 장난감이 필요합니다. 이 중 하루에 5~7개씩 번갈아 제공하면, 매일 다른 장난감을 기다리는 즐거움을 느끼게 됩니다.

단, 외출에서 돌아온 후에는 반려견이 혼자 가지고 놀던 장난감

은 반드시 치워주세요. 아무렇게나 널려 있으면 장난감에 대한 흥미를 금세 잃게 됩니다.

보호자와 함께하는 놀이로는 '잡아당기기'나 '공 던지기' 놀이가 좋습니다. 다만, 함께 놀다가 "이제 너 혼자 놀아"라며 장난감을 던져주는 것은 좋지 않습니다. 이런 장난감은 '함께 노는' 용도이기 때문에, 혼자 남겨지면 금세 흥미를 잃게 됩니다. 이 행동이 반복되면 반려견은 점차 장난감 자체에 대한 관심을 잃게 됩니다.

공 던지기

놀이 시작 전 앉기

여러 놀이를 하기 전 가장 중요한 것은 놀이를 시작하는 신호를
알려주는 것입니다. 집중해서 즐겁게 놀기 위해서는 시작 전에 앉아
있어야 합니다.

삑삑이 공 쫓아가서 물어오기

거리에 상관없이 삑삑이 공을 던져줍니다. 공을 가지고 다시 보호
자에게 돌아오는 것도 큰 에너지를 사용하는 운동이 될 수 있습니다.

"주세요!"에 삑삑이 공 내려놓기

"주세요!"라는 명령어에 가지고 온 삑삑이 공을 무리 없이 내려놓는 연습이 필요합니다. 간식과 같은 보상을 이용하면 더욱 효과를 낼 수 있습니다.

올바른 잡아당기기

놀이 시작 전 앉기

어떤 놀이를 하던 시작 전에 앉아야 집중할 수 있습니다. 반려견이 앉아서 집중할 때 보호자는 놀이가 시작된다는 신호를 줍니다.

실타래를 당기며 놀아주기

실타래 당기기는 에너지를 발산하기에 좋은 놀이입니다. 2~3분간 짧고 활동적으로 놀아주면 스트레스 해소에 도움이 됩니다.

"주세요!"에 장난감 내려놓기

즐겁고 활기차게 놀다가도 "주세요!"라는 명령어에 장난감을 내려놓을 수 있어야 합니다. 장난감을 내려놓자마자 간식으로 바로 보상하면 좀 더 쉽게 놀이 중단 후 진정할 수 있습니다.

잘못된 놀이

보호자의 신체를 이용한 놀이

반려견이 어릴 때 깨물고 싶어 하는 욕구가 강하더라도 사람의 손을 물게 하면 안 됩니다. 깨무는 욕구는 장난감 및 인형과 같은 도구로 해소해야 성견이 되어서도 안전한 놀이가 가능합니다.

반려견과 힘겨루기

힘겨루기로 반려견이 가지고 있는 물건을 뺏는 행동을 해서는 안 됩니다. 보호자를 보면 장난감을 뺏길까 봐 도망가거나 장난감을 씹거나 삼킬 수 있습니다. 또한 위험 시 공격할 수도 있습니다.

장난감을 가지고 도망가기

장난감을 가지고 놀다가 도망가는 행동을 하면 쫓기 놀이라 생각할 수 있습니다. 반려견은 사냥 본능이 있기 때문에 과도하게 흥분하면 다칠 수 있으므로 조심해야 합니다.

올바른 깨물기 가르치기

손가락 금지

반려견이 아직 어리다고 해서 손가락으로 놀아주는 것은 절대 금물입니다. 어린 시절에는 이빨이 작고 물려도 아프지 않기 때문에 손가락을 이용해 노는 경우가 많습니다. 하지만 이 시기에 보호자를 무는 행동을 허용하면, '물어도 된다'라는 인식이 형성되어 성견이 된 후에도 같은 행동을 반복하게 됩니다.

성견의 무는 힘은 생각보다 강하기 때문에, 단순한 놀이 중이라도 보호자가 다칠 위험이 있습니다. 따라서 어릴 때부터 손이나 발이 아닌 장난감을 매개로 놀도록 습관을 들이는 것이 중요합니다.

장난감 제공

무는 행동은 본능적이기 때문에 사람의 손이 아닌 장난감을 제공해야 합니다. 보호자가 형제견 역할을 하기 때문에 장난감을 제공하여 놀아주는 것이 스트레스 해소에 도움이 됩니다.

흥분 시 중단

형제견과 지낼 경우 서로에게 통증이 유발되면 놀이가 끝나는 걸 배웁니다. 놀이 중 실수로 보호자의 손을 물면 "아야!" 하고 소리를 내고, 장난감을 숨긴 채 5초 정도 행동을 멈추도록 해야 합니다.

2

너의 행동이

말해주는 것들

Part 1

펫 닥터에게 배우는
건강한 반려 생활

🦴 반려견과의 첫 만남, 무엇이 궁금한가요?

Q. 어린 반려견을 분양받았는데
외출은 언제부터 하면 될까요?

예방접종 기간을 포함해, 반려견은 생후 4~12주, 반려묘는 2~7주의 어린 시절에 반드시 적극적인 사회화 자극에 노출되어야 합니다.

보호자와 반려견이 함께 행복하게 살아가기 위해서는, 반려견이 우리의 생활환경에 순응하고 적응하는 과정이 필요합니다. 그 첫걸

음이 바로 적절한 시기에 행할 사회화 과정입니다. 따라서 보호자라면 이 중요한 시기를 결코 소홀히 해서는 안 됩니다.

반려견은 본래 무리를 지어 생활하는 사회적 동물입니다. 그렇기 때문에 사람과 마찬가지로 올바른 사회화 과정을 반드시 거쳐야 합니다.

하지만 대부분의 반려견은 폐쇄된 환경에서 성장기를 보냅니다. 입양이나 분양 직후, 보호자는 전염병 감염을 우려해 예방접종이 모두 끝날 때까지(보통 2주 간격으로 7차 접종) 외출을 제한하는 경우가 많습니다.

물론 한때는 어린 반려견 사이에서 전염병이 급격히 확산된 적이 있었지만, 현재는 예방접종 체계가 강화되어 발병률과 치사율이 현저히 낮아졌습니다.

그럼에도 불구하고, 전염병을 우려해 사회화 시기를 놓치면 반려견은 낯선 환경이나 사람, 다른 동물에 대한 두려움이 커져 문제행동으로 이어질 수 있습니다.

반려견의 사회화 시기는 생후 4주에서 12주까지입니다. 이 시기가 지나면 사회화의 문은 점차 닫히게 됩니다. 흥미롭게도, 이 시기는 기초 예방접종 시기와 정확히 겹칩니다. 따라서 예방접종을 하면서도 사회화 자극을 적절히 병행해 주는 것이 매우 중요합니다.

　그렇다면 왜 반려견이 좀 더 자란 후나, 면역력이 정착돼 전염병에 안전한 시기에 사회화를 시키지 않고 굳이 어린 나이에 세상에 노출해야 하는 걸까요? 바로 어릴 때는 마음의 문이 열려 있기 때문입니다. 이 시기에는 대뇌피질이 성숙하지 않아 세상을 호기심 어린 눈으로 바라보고 긍정적인 태도로 받아들입니다. 각 품종의 성격에 따라 정도의 차이는 있을 수 있지만 보편적으로 가장 사교성이 넘치는 때입니다. 따라서 이 시기는 반려견이 새로운 환경과 사람, 또 다른 동물들을 좋은 관계로 접하는 사회화 과정을 통해 낯선 세상과 사회에 쉽게 적응할 수 있습니다.

반려견의 첫 외출과 산책은 언제가 좋을까

어렸을 때부터 조금씩 집 밖으로 나가는 연습과 노출을 통해 자연스레 사회화 자극을 주는 것이 좋습니다. 반려견을 배려하지 않고 무작정 안고 밖에 데리고 나가는 것은 많은 혼란과 두려움을 일으킬 수 있습니다. 일단 집 안 현관에서 신발장, 현관문, 조금 더 나아가 복도, 복도에서 엘리베이터 타기, 계단 오르내리기 등 점차 밖으로 나가 익숙해지게 합니다. 아직 어려서 바이러스 질환이 걱정된다면 크레이트 등을 이용하세요. 밖으로 나가 새로운 냄새, 소리, 시야를 보여주는 것은 예방접종만큼이나 중요합니다.

어렸을 때부터 기본적인 호흡과 이완하는 예절 교육을 배우지 못해서입니다. 현재는 사소한 상황에도 쉽게 흥분하는 상태인 것 같습니다. 지금이라도 예절 교육을 가르치면 됩니다.

먼저 규칙적인 식습관부터 갖게 합니다. 가장 기본적인 규칙을 통해 약속 지키기를 알려주는 것입니다. 규칙적인 식습관을 갖게 되면 사료 먹는 시간에 흥분하지 않습니다. 사료를 먹기 전에 "앉아!" "기다려!" "엎드려!"라는 반복 학습을 통해 호흡하고 이완하며 심장박동수를 낮추는 연습을 해야 합니다.

보호자가 자신의 이름을 부르며 예뻐하고, 약속된 상황에서는 칭찬과 보상까지 해주면 반려견은 보호자와 함께하는 시간이 매우 즐겁고 유쾌할 겁니다. 그러면 보호자가 이름만 불러도 흥분할 수 있습니다. 흥분 상태가 지속되면 나중엔 공격성을 보이며 물 수도 있으니 평소 흥분하지 않도록 진정시키는 것이 중요합니다. 반려견의 행동을 교정할 때 "앉아!" "기다려!" "엎드려!"는 수학 공식처럼 기초적인 규칙입니다. 특히 엎드리기는 심장박동수와 호흡수를 가라앉히는 매우 안정된 자세입니다.

언제 어디에서든 "앉아!" "기다려!" "엎드려!"를 할 수 있어야 반려견이 흥분해서 발생할 수 있는 위험 상황을 방지할 수 있습니다.

행동을 교정할 때 시간 규칙을 언급하는 것은 하루에 반복적으로 주어지는 식사 시간, 배변·배뇨 시간, 잠자는 시간을 이용해 정해놓은 규율을 지키면 예절 교육이 수월하기 때문입니다.

예절 교육은 어릴수록 하기 쉬울까?

보호자와 반려견이 함께 잘 지내기 위해서는 존중을 바탕으로 지켜야 할 약속이 있습니다. 이를 '예절 교육'이라고 합니다. 호흡하기, 기다리기, 이름 부르면 다가오기, 앉기, 엎드리기, 양치질하기, 산책하기, 올바르게 식사하기 등이 포함됩니다.

생후 4~12주 사이를 '사회화 시기'라고 하여 어미 개로부터 예절도 배우고 형제들과 함께 물고 뜯고 놀면서 무는 힘의 강도나 반응을 배웁니다. 이때 강하게 무는 것은 좋지 않다는 것을 배우게 됩니다.

사회화 시기를 겪고 분양이나 입양이 된 반려견이 더 어릴 때 데려온 반려견보다 훈련이나 적응을 더 잘합니다. 되도록 어미 개와 3개월 정도 함께 보낸 이후에 데려오면 좋습니다.

Q. 보호자가 눈앞에 없으면 과하게 울어요

한번은 어떤 보호자가 이런 하소연을 하셨습니다.

"반려견이 한번 울기 시작하면 너무 시끄러워 그냥 둘 수가 없어요. 너무 감싸면 안 되겠다 싶어 하루에 한 시간 정도 놀아주는데, 집에 사람이 없을 때가 걱정입니다. 어떻게 해야 할까요?"

반려견의 생후 2개월은 사람으로 치면 세 살 정도로 보호자가 옆에 있어 주는 것이 당연한 시기입니다. 가능한 한 옆에서 함께해 안심시킬 필요가 있습니다.

보호자가 집에 있을 때는 짧은 시간 동안 다른 방에 가서 반려견이 혼자 있는 연습을 할 수 있게 합니다. 혼자 있을 때 익숙한 장난감이나 껌 등을 주면 도움이 됩니다. 잠시 떨어졌다 다시 돌아오기를 반복해 불안감이 생기지 않게 합니다. 또한 평상시에 크레이트 내에 푹신푹신한 깔개를 깔아두거나 장난감, 또는 좋아하는 간식과 애착 인형을 넣어두어 크레이트를 좋아하게 만듭니다. 이렇게 하면 반려견은 보호자가 없어 불안해졌을 때도 크레이트에서 안심할 수 있습니다. 크레이트를 마치 동굴과 같은 안전한 역할을 하는 공간으로 생각하는 겁니다.

그러나 지나치게 오랜 시간 보호자와 떨어져 혼자 지내면 욕구 불만으로 과격한 행동을 보일 수 있습니다. 집을 오랜 시간 비워야 한다면 사전에 운동이나 놀이 시간을 가져 에너지를 충분히 발산할 수 있게 하고, 배변·배뇨도 미리 시켜 안정된 상태에서 장난감을 갖고 놀 수 있게 해야 합니다. 이때 장난감을 숨겨두고 나오면 종일 장난감을 찾으면서 심심하지 않게 놀 수 있습니다. 장난감 종류는 껌처럼 물 수 있는 장난감과 사료나 간식을 넣어둘 수 있는 피딩 토이가 좋습니다. 이렇게 혼자 놀 수 있는 습관을 만들어두면 보호자가 외출한 후 장난감을 가지고 놀다가 잠을 자는 등 나름대로 조용히 보호자를 기다립니다.

반려견은 보호자와 떨어짐으로써 다양한 문제행동을 일으키기도 합니다. 그중 보호자에게 과다한 애정을 나타내는 반려견은 보호자가 외출하는 것에 극도의 불안감을 드러내며 문제행동을 일으키는데, 이를 '분리 불안증'이라고 합니다. 이때 반려견은 심각할 정도로 짖거나, 대소변 실수, 파괴적인 행동을 보입니다. 이러한 문제행동은 보호자가 집에 없을 때만 나타납니다. 이외에도 식욕 부진, 침 흘림, 구토, 설사 등이 나타날 수 있습니다.

또한 스트레스로 인한 과도한 핥기로 피부염이나 육아종 등의 증상을 보이기도 합니다. 이러한 반려견은 보호자에게 강한 애착 증상

을 보여 딱 붙어서 떨어지지 않으려 합니다. 보호자가 열쇠를 들거
나 가방을 메고 코트를 입는 등의 행동만으로도 불안감을 드러내기
시작합니다.

보호자는 분리 불안 증상을 혼자 있게 한 것에 대한 분노의 표현이나 예절 교육이 충분하지 않아서라고 생각합니다. 그러나 이는 단순 분노가 아닌 불안감으로 인한 행동이며 반려견이 스스로 조절할 수 없는 문제입니다. 반려견은 성견이 되어서도 사람처럼 부모(보호자)로부터 완전히 독립하지 않습니다. 나이가 많아도 아이처럼 응석을 부리며 살아갑니다. 이러한 점이 귀여워 보일 수도 있지만, 선을 넘으면 보호자의 일상생활을 방해하며 반려견 자신도 불행해집니다. 반려견이 이렇게 과도하게 의존하지 않도록 어릴 때부터 조금씩 자립할 수 있게 신경 써야 합니다.

분리 불안 증상이 생기지 않도록 평소 외출하기 전 30분에서 1시간 정도부터 모른 척합니다. 시선을 맞추지 않고 무심히 나가고, 외출에서 돌아와서도 30분에서 1시간가량 모른 척하고 지냅니다. 반려견이 충분히 진정되고 차분해지면 이름을 부르며 스킨십을 충분히 해줍니다. 이를 반복하면 보호자의 외출에 예민하게 반응하지 않고 보호자가 나갔다가 반드시 돌아온다는 확신으로 씩씩하게 혼자서도 잘 지냅니다.

 꼬리는 기분 좋을 때만 흔드나요?

개는 꼬리로 자신의 감정을 표현하는 동물입니다. 산책할 때 이름을 부르면 멀리서 쳐다보고 꼬리를 흔듭니다. 반대로 혼자 집을 지켜야 하는 사실을 알게 되면 꼬리를 아래로 축 늘어뜨립니다.

우리는 반려견이 꼬리를 흔드는 것을 즐거움의 표현이라고 알고 있습니다. 택배 기사가 왔을 때도 반려견을 잘 관찰해 보면 짖으면서도 꼬리를 흔들고 있습니다. '어? 왜 낯선 사람에게 꼬리를 흔드는 거지?'라고 의아해할 수 있는데, 반려견은 꼬리의 위치, 흔드는 방법과 속도 및 각도로 즐거움, 기쁨, 두려움, 공포와 같은 다양한 감정을 표현합니다.

- 불안할 때: 꼬리를 늘어뜨린 채 흔들지 않는다.
- 공포와 두려움으로 겁을 먹었을 때: 꼬리를 동그랗게 말아 뒷다리 사이에 집어넣고 고개까지 숙인다.
- 기분이 좋을 때나 화가 났을 때: 급하게 꼬리를 흔든다.

꼬리를 천천히 흔드는 것은 자신감이 있다는 의미입니다. 짖으면서 꼬리를 천천히 흔드는 모습은 상대 반려견보다 더 강하다는 자신감을 표현하는 것입니다.

기분이 나쁘거나 화가 많이 났을 때는 꼬리를 매우 급하게 흔듭니다. 다른 반려견에게 공격할 의지가 없다는 것을 알려줄 때는 꼬리와 자세를 낮추기도 합니다. 사냥할 때는 몸의 균형을 잡거나 사냥감에 대한 공포, 혹은 기쁨 등의 여러 가지 감정의 표현으로 꼬리를 흔들기도 합니다.

반려견들이 놀이터나 공원에서 신나게 달리고, 점프하고, 수영장이나 바닷가에서 헤엄칠 때의 꼬리는 방향이나 균형을 잡는 역할을 합니다.

. 개의 지능은 어느 정도일까요?

개의 지능은 사람과 비교하면 세 살 수준입니다. 물론 경우에 따라 다섯 살에서 일곱 살 정도의 지능을 가진 품종의 반려견이 있기도 합니다.

가끔 TV 프로그램에서 수십 개의 단어를 기억하고 심부름을 하는 보더콜리나 셰틀랜드 쉽독 등을 보기도 하는데 이때는 단어를 기억한다기보다는 단어와 함께 사물과 상황을 이해하는 것입니다.

사람도 공부를 잘하는 사람이 있는가 하면 못 하는 사람도 있듯이 "앉아!" "기다려!" "엎드려!"를 알려줄 때도 하루 이틀 안에 완벽하게 습득하는 반려견이 있는가 하면, 1~2주 혹은 한두 달이 걸려도 습득하는 데 어려움이 있는 반려견이 있습니다. 최대한 이해하고 기다려주는 배려가 필요합니다. 실망하기보다 믿고 기다리며 반복적으로 교육하면 모든 반려견은 해냅니다.

사람은 상대방의 이름이나 얼굴 생김새, 옷차림, 키 등으로 서로를 구별합니다. 그렇다면 반려견은 어떻게 사람을 구별할까요?

반려견은 사람과 달리 시력 검사를 통해 시력을 수치로 환산할 수 없습니다. 반려견은 원래 근시이기 때문에 사물에 초점을 맞추는 능력이 매우 약합니다. 보통 사람의 표준 시력을 1.0이라고 한다면 반려견은 0.3~0.4 정도 됩니다. 또한 색깔을 구별하는 것도 사람과 차이가 있습니다. 주로 검정, 흰색, 회색 등 명암 정도에 따라 구별하는 것으로 알려져 있습니다. 하지만 움직이는 사물을 인지하는 능력은 사람보다 월등하게 발달해 있습니다.

개들은 시각보다는 후각으로 사람을 구별합니다. 특히 사람의 땀 속에 있는 휘발성 지방산의 냄새를 구별하는 능력이 탁월하다고 합니다. 그래서 보호자와 다른 가족 구성원들의 냄새에 민감하게 반응합니다. 나이가 들어 안과 질환이나 노령으로 시력을 소실하였어도, 후각을 이용해서 가족을 구별할 수 있는 것입니다.

가족을 잘 알아보지 못하는 증상이 심하면 인지 장애나 후각 질환을 의심해 서둘러 동물병원에서 진단을 받아야 합니다.

Q. 왜 사람의 얼굴을 자꾸 핥을까요?

결론부터 말하면 이상 행동은 아닙니다. 어미 개는 자신이 출산한 강아지에게 이유식을 줄 때가 되면 젖을 주지 않습니다. 그러면 젖을 먹지 못해 배가 고픈 강아지는 어미의 입 주변을 핥는 것으로 배가 고프다는 신호를 보냅니다. 그 신호를 받으면 어미는 반쯤 소화된 음식물을 토해내서 강아지에게 먹입니다. 얼굴을 핥는 행동은 이런 본능에서 비롯되었습니다.

사람의 코나 입 주변을 계속 핥는다는 것은 먹이나 간식을 달라는 표현이거나 애정 표현입니다.

개는 자기 새끼뿐만 아니라 다른 개에게도 관심이 많고 애정이 많습니다. 개의 자세나 행동으로 보여주는 보디랭귀지가 모성 보호 심리를 유발하기 때문입니다. 하지만 자기보다 힘이 센 개로부터 위협을 받거나 서열이 높은 개를 만났을 때도 입 주변을 핥습니다. 이는 애착 대상으로서 애정을 표현하는 것입니다.

사람의 입을 핥는 행동을 위생상 더럽다고 나무라거나 혼을 내면 반려견은 당황스러워합니다. 자신이 무시당했다고 생각할 수도 있습니다. 그리고 처음 보는 개와 사람을 핥는 경우는 그들의 냄새를 맡으며 정보를 얻으려는 행동입니다.

Q. 허공이나 벽, 집 밖을 보고 계속 짖어요

　개의 의사 표현에는 다양한 방법이 있습니다. 안면 근육을 당기거나 늘리기도 하고, 귀를 젖히거나 세우기도 합니다. 또, 몸을 낮추거나 세우는 등 여러 가지 몸의 상태를 변화시키면서 의사 표현을 합니다. 짖는 행동 이외에도 하울링 같은 울음이나 낑낑거리는 소리를 내기도 합니다.

　반려견이 외부의 낯선 소리에 반응해 짖는 행동은 지극히 정상적입니다. 그렇지만 두려움이나 공포감으로 계속 짖거나, 보호자의 외출 후 집에 혼자 있을 때 몇 시간이 지나도록 계속 짖는다면 분리 불안 증상을 의심해 볼 수 있습니다. 물론 사소한 냄새나 소리에 예민해서일 수도 있고, 스트레스를 쉽게 받는 반려견일 수도 있습니다. 그리고 반려견의 건강 상태에 따라 과도하게 짖을 수도 있습니다. 반려견은 품종, 연령, 성별, 컨디션, 환경 등에 따라 충분한 사료와 물을 제공하고 산책과 운동을 시켜줘야 합니다. 이러한 정상적인 생활 리듬을 유지해 주지 않으면 고통과 스트레스로 자주 짖을 수 있습니다.

　또한 심심하고 지루한데 혼자 놀 줄 몰라서 보이는 행동일 수도 있습니다. 이런 경우는 혼자 놀 수 있는 장난감을 다양하게 바꿔주는 것이 좋습니다. 이보다 산책으로 스트레스를 해소해 주는 것이 제일 좋은 해결 방법입니다.

반려견이 잘 자다가 갑자기 놀란 듯 일어나 한쪽을 쳐다보거나 꼬리를 흔들고, 쩝쩝거리는 것을 본 적이 있을 것입니다. 이는 꿈을 꾸는 겁니다. 그렇습니다. 개도 꿈을 꿉니다. 잠이 들면 호흡이 조금 불규칙하게 바뀌다가 깊은 수면에 빠집니다. 이를 비렘수면non-REM sleep이라고 합니다.

비렘수면은 깊은 잠에 빠지는 것을 말합니다. 하지만 얕은 렘수면일 때는 뇌의 활동도 빠르며 전체 근육의 긴장도 풀리게 됩니다. 이때 반려견은 꿈을 꾸게 됩니다. 보통 몸을 떨거나 다리를 움직이는 경우가 있는데 이는 전형적인 증상입니다.

개는 하루 평균 10시간 정도 잠을 잡니다. 2년 이상의 성견보다는 1년 이하의 강아지가 꿈을 많이 꾼다고 합니다. 반려견이 꾸는 꿈은 부모·형제와 재미있게 놀거나 산책을 하고, 맛있는 사료와 간식을 먹는 상황이 아닐까 생각합니다.

개는 주위의 다양한 사물에 흥미를 갖고 냄새를 통해 이해하며, 뭐든지 입에 넣어 확인하려는 습성이 있습니다. 따라서 약물, 영양제, 화장품, 살충제 등 위험한 물건은 처음부터 반려견의 입에 닿지 않는 곳에 두어야 합니다.

만약 낙엽이나 흙, 잡초처럼 먹어도 해가 되지 않는 것이라면 입에 넣어서 확인해도 괜찮습니다. 대부분 반려견은 사물을 삼켜도 먹을 수 없는 것이라면 바로 토해냅니다. 만약 반려견이 돌을 물고 놀려고 할 때 보호자가 억지로 뺏으려고 하면 오히려 뺏기지 않으려고 입안 깊숙이 넣다 삼켜버릴 수 있으므로 주의해야 합니다. 만약 돌을 삼켰다면 위장관에 걸려 소화기가 막힐 가능성이 있으니 서둘러 병원에 가야 합니다.

이 같은 이물질 섭취를 예방하는 차원에서 산책 전에 입마개를 씌우면 좋습니다. 무는 것을 예방할 뿐만 아니라 이물질 섭취도 막을 수 있습니다. 이미 나쁜 습관이 밴 반려견이라면 돌이 많은 장소를 피하는 것이 좋습니다. 피할 수 없다면 미리 비터 스프레이 같이 반려견이 싫어하는 맛을 뿌리는 것도 방법이 됩니다. 이와 동시에 돌을 입에 물고 노는 것보다 더 재미있는 놀이를 알려줍니다.

예를 들면 공 던지기 놀이 등을 가르쳐 줘서 관심을 다른 곳으로 돌린다거나, 혹은 좋아하는 간식이나 물건을 던져주어 관심을 돌린 다음, 입에 물고 있던 것을 놓았을 때 치웁니다. 보호자가 억지로 입에 문 물건을 빼앗으려고 하면 반려견이 오히려 지키려고 도망가거나 공격성을 드러낼 수 있기 때문에 침착하게 대응하는 것이 중요합니다.

반려견이 보호자의 관심을 끌려고 일부러 물고 있을 수도 있습니다. 이때는 관심을 주지 않아야 합니다. 그렇지만 위험한 행동을 무시할 수는 없으므로 위험한 것을 물고 있을 때는 예외로 하고, 삼킬 수 없는 크기의 물건이나 삼켜도 해가 없는 물건이라면 상관하지 않는 게 좋습니다. 물고 있어도 모른 척하고 대신에 장난감 등을 사용하여 반려견과 즐겁게 놀아주세요. 지금까지와 다른 커뮤니케이션 방법을 가르친다면 이러한 행동은 조금씩 줄어들 것입니다.

만약 실수로 삼키는 것이 아니라 일부러 삼키려는 행동을 계속한다면 영양소 결핍이나 소화흡수 부전 등 건강에 문제가 있는지 알아봐야 합니다. 이럴 때는 식사 관리를 해줘야 되고 동물병원에서 상담과 검사를 받아야 합니다.

 옷 입기를 좋아하게 하려면 어떻게 해야 하나요?

대부분 보호자는 반려견을 위한 예쁜 옷을 보면 입히고 싶어 합니다. 옷 입기에 대한 거부감이 없고, 보호자가 관심을 줘서 좋아하는 반려견도 있습니다. 그러나 대부분 반려견이 옷을 보자마자 도망가거나 으르렁거리고, 심하면 공격적으로 변합니다.

반려견에게 옷을 입히면 털의 양과 색, 체형의 아름다움을 퇴색시키는 단점도 있지만 장점도 많습니다. 추위에 약한 단모종일 경우 겨울에 산책할 때 입히면 방한 역할을 하고, 또 털이 많이 빠지는 품종은 옷을 입혀서 털이 날리는 것을 줄일 수 있습니다.

그리고 기능성 옷 중에는 분리 불안으로 힘들어하는 반려견을 포근하게 안아주는 느낌의 디자인을 가진 옷도 있습니다. 하지만 어릴 때부터 옷 입는 버릇을 자연스럽게 들여놓지 않으면 이런 기능성 옷을 입히고 싶어도 반려견에게 스트레스가 될 수 있습니다. 이럴 때는 일단 반려견 주위에 옷을 두고 간식을 먹이면서 입히면 좋은 기억이 만들어져 옷 입히기가 수월해집니다.

소형견이 상대적으로 몸이 약한 만큼 경계심이 강해 많이 짖는다는 견해가 있기는 합니다. 그리고 지나치게 과보호를 받은 개일수록 잘 짖는다는 견해도 있습니다. 주인에게 많은 관심과 사랑을 받고자 하는 욕구가 커서 마구 짖어대는 것입니다. 그러나 몸집이 작다고 더 요란하게 짖는 것은 아닙니다.

소형견 품종 중에 토이 푸들과 포메라니안은 외부의 환경과 사람, 다른 반려견에게 예민하게 반응하며 많이 짖습니다. 또한 사냥개로 키워진 테리어 종인 스코티시 테리어, 웰시 테리어, 화이트 테리어 등은 쥐, 오소리, 여우 등을 사냥하도록 개량된 품종으로 사냥감을 발견하면 짖습니다.

특별히 대형견과 소형견으로 나누어서 누가 더 많이 짖는가를 구별하기 어렵습니다. 어렸을 때 사회화 과정을 잘 거쳤느냐 아니냐가 더 중요하다는 사실을 잊지 마세요.

좀처럼 짖지 않는 바센지

바센지는 중앙아프리카 콩고에서 기원한 품종으로 야성미가 넘칩니다. 이 지역에서는 잘 짖지 않는 특성을 살려 사냥에 활용되는데, 쓸데없이 소리를 내 사냥감이 눈치채고 도망가는 일이 없도록 하기 위함입니다. 주인에게는 애교를 부리지만 낯선 사람에게는 강한 경계심을 보이며 공격할 수 있으니 주의가 필요합니다.

Q. 반려견이 아픈지 건강한지 어떻게 알 수 있나요?

20년간 수의사로 일하면서 가장 안타까웠던 점은 반려견은 자신이 아픈 곳을 표현하지 못한다는 것이었습니다. 증상을 말하지 못하는 반려견 대신 보호자의 설명에 의존해야 합니다.

개는 사람처럼 말로 표현하지 못하기 때문에 신음이나 낑낑거리는 소리로 아프다는 표현을 합니다. 평소와 다른 자세로 앉는다거나, 호흡이 가쁘고 혀를 내밀어 헉헉거린다거나, 눈곱이 잔뜩 껴 눈을 잘 뜨지 못하기도 합니다. 그리고 귀 외부가 붉고 시큼한 냄새가 나고, 평소와 다른 귀지 색을 띠거나 정상적 변이 아닌 설사, 점액변, 또는 아주 딱딱한 변을 보기도 합니다. 또한 엎드리지 못하고 앉아서 입을 벌리고 가쁘게 호흡하는 경우도 있습니다.

보호자는 반려견이 평소와 다른 이상 행동이나 모습을 보이면 동물병원에서 검진해야 합니다. 증상을 설명하기 힘들다면 휴대폰으로 사진과 동영상에 담아 보여주는 것도 좋은 방법입니다.

개와 고양이를 같이 키우는 것은 문제가 없습니다. 다만 어렸을 때 개와 고양이가 함께한 경험이 있는지, 서로 사이가 얼마나 좋았는지에 따라 함께 살 수 있을지 없을지가 결정됩니다. 따라서 개와 고양이를 함께 키우고 싶은 보호자라면, 반려견이 사회화 과정에 들어가는 시기에 고양이와 시간을 보내게 해주고, 냄새를 맡게 하고, 함께 놀게 해주는 것이 좋습니다. 물론 고양이 또한 반려견에게 잘 적응할 수 있어야 합니다.

그렇지 않으면 어렸을 때부터 사회성이 전혀 없고 공격적이고 난폭한 고양이를 처음 본 반려견은 평생 고양이에 대한 두려움을 안고 살아가게 될지도 모릅니다.

혼자 잘 노는 반려견은 오히려 스트레스가 적습니다. 반려견은 혼자서 풀밭을 뒹굴고 땅을 파헤치고 나뭇가지를 물어뜯으며 놉니다. 대신 집 안에서는 소파를 긁고 실내화를 물어뜯기도 합니다. 이 모습을 본 보호자는 반려견이 심각한 문제행동을 보인다고 말하지만 그렇지 않습니다.

여러 연구를 통해 동물도 놀이를 즐긴다는 사실이 밝혀졌습니다. 동물은 놀이를 통해 다른 동물과 유대 관계를 형성하고 생존에 필요한 사냥 기술을 배웁니다. 무엇보다 놀이는 스트레스를 해소하고 긴장을 완화시킵니다. 집 안에서 반려견이 가지고 놀 만한 장난감을 제공해 주면 혼자서도 잘 놉니다.

단, 몇 가지 주의사항이 있습니다.

첫째, 어린 시절부터 여러 가지 장난감을 제공해 집 안의 다른 물건에는 관심을 갖지 않게 합니다. 집 안 물건에 관심을 갖기 시작하면 교정하기 어렵습니다.

둘째, 탁구공이나 탱탱볼처럼 쉽게 삼킬 만한 크기의 장난감은 주의해야 합니다. 자칫 응급상황이 벌어질 수 있기 때문입니다.

셋째, 반려견이 깨물어 쉽게 부서지는 장난감은 피해야 합니다. 솜이 쉽게 빠지는 인형 등도 피하는 것이 좋습니다.

넷째, 날카로운 물건은 주지 않아야 합니다. 입안에 상처를 내기 쉽습니다.

다섯째, 집 안 물건의 일부가 낡았다고 반려견에게 장난감으로 제공하면 안 됩니다. 낡은 신발, 낡은 가방 등을 장난감으로 제공하면 비슷한 신발이나 가방을 손상할 가능성이 큽니다.

여섯째, 장난감을 제공한 후 잘 갖고 노는지 수시로 점검합니다. 기존 장난감에 금방 싫증을 느끼고 새로운 장난감에 흥미를 갖는 경우도 있고, 오래된 장난감을 더 좋아하는 경우도 있습니다. 반려견에게 장난감을 갖고 놀게 한 뒤에는 반드시 치워두는 게 좋습니다.

반려견이 혼자 노는 것에 익숙해지면 스트레스를 덜 받을 뿐만 아니라 보호자에게 과하게 집착해 생기는 분리 불안 등 여러 문제를 예방할 수 있습니다.

Q. 상처 부위를 계속 핥는데, 염증이 생기지 않을까요?

반려견이 상처 부위를 핥으면 2차 세균 감염이 생길 수 있으므로 위험합니다. 상처를 보호하기 위해 밴딩이나 넥 칼라를 하는 것이 좋습니다. 몸을 핥는 개의 특성상, 침 속에는 세균이 많아 상처의 염증이 더 오래갈 수 있습니다.

반려견에게 상처가 났다면 집에 상비된 소독약으로 응급 처치를 해줍니다. 하지만 상처가 깊거나 염증이 심하다면 동물병원에서 소독만으로 가능한지, 약물 처방까지 받아야 하는지, 수술로 봉합하거나 제거해야 하는지에 대한 진단 후 적절한 치료를 받는 것이 현명합니다.

넥 칼라 종류

반려견이 상처 부위를 핥지 못하도록 씌우는 기구입니다. 씌울 때는 손가락 두 마디 정도 여유 있게 씌우고, 넥 칼라 밖으로 입이 나오지 않게 주의해야 합니다. 재질은 플라스틱과 패브릭으로 된 것이 있습니다.

플라스틱은 보편적으로 많이 쓰이지만 딱딱해서 불편한 단점이 있습니다. 패브릭은 플라스틱의 단점을 해소해 주지만 옆을 보기가 힘듭니다. 튜브 형태는 크기 조절이 가능해서 좋지만 발을 핥을 수 있는데, 이 문제를 보완한 게 원반 넥 칼라입니다.

한 걸음씩, 함께 배우는 반려 생활

Q. 문제행동을 할 때 어떻게 교육해야 하나요?

벌칙을 사용한 교육은 여러 가지 문제를 일으킵니다. 반려견과 보호자의 관계에 서열이 있어야 한다고 주장하는 사람들은 교정 훈련 시 벌칙을 사용해야 한다고 말합니다. 하지만 벌칙은 교육 효과가 떨어지고 각종 부작용이 생길 수 있습니다. 여기서 말하는 벌칙은 물리적으로 신체적 위해를 가하는 것만 의미하지 않습니다. 말로 혼을 내거나 공포감을 조성하는 모든 행위를 포함합니다.

벌칙이 효과적이지 않은 이유는 여러 가지입니다. 먼저 잘못된 행동을 한 그 순간에 혼을 내야 하는데 정확한 타이밍을 잡기 어렵습니다.

또한 잘못된 행동을 더욱 강화할 수 있습니다. 벌칙이 효과를 보려면 잘못된 행동이 일어날 때마다 벌칙이 행해져야 합니다. 간혹 반려견이 문제행동을 했음에도 타이밍을 놓쳐 벌을 받지 않으면, 그 상황을 오히려 보상으로 인식할 수 있습니다. 결국 간헐적 벌칙은 오히려 잘못된 보상 효과를 줘 바람직하지 않은 행동을 강화하게 됩니다. 벌칙이 효과적이려면 강도가 아주 높아야 합니다. 그럴 경우 보호자는 갈수록 강도를 더 높이게 되고 어느 순간 신체적 손상이나 위협의 수준도 커집니다.

무엇보다 벌칙은 보호자와 반려견의 신뢰 관계를 무너뜨립니다. 강도와 관계없이 벌칙은 반려견에게 보호자에 대한 부정적인 인식을 심어줍니다. 또 벌칙은 보호자의 폭력성도 함께 증가시킵니다. 어느 순간 반려견에게 화를 내는 것이 습관화되고, 반려견의 보호자에 대한 신뢰는 사라지게 됩니다. 벌칙을 교육이란 이름으로 포장해서는 안 됩니다. 교육을 빙자한 동물 학대의 일종일 뿐입니다.

늑대는 무리 지어 생활하며 각각의 무리에는 지배적 계급이 있고, 리더가 있습니다. 늑대의 자손인 개 역시 같이 생활하는 다른 개들이나 때로는 사람에게도 상하 관계를 의식하는 행동을 보이는 경우가 있습니다.

보호자보다 우위에 있다고 생각하는 반려견은 보호자의 지시에 따르지 않거나 마음에 들지 않는 것에 대해 불만을 품고 공격하기도 합니다. 이는 지배적 공격 행동으로 '알파 신드롬'이라고도 합니다. 알파 신드롬을 일으키는 대부분의 원인은 공포나 갈등입니다.

'쥐도 궁지에 몰리면 고양이를 문다'는 속담처럼 반려견은 억지로 제압당하거나 체벌을 받을 때 불안, 두려움, 공포를 느끼고 자기 자신을 지키기 위해 공격합니다.

보호자 중에는 알파 신드롬을 우려해 만만하게 보이지 않으려고 반려견이 무서워하는 것을 무리해서 시키거나 필요 이상으로 강한 태도를 취하는 사람이 있습니다. 그러나 이러한 행동은 보호자의 의도와는 별개로 반려견과의 관계에서 불필요한 대립 구도를 만들게 됩니다. 그리고 반려견을 궁지로 몰아 결과적으로 공격성을 더욱 강화하거나 보호자와의 신뢰가 무너져 관계성을 매우 악화시킵니다.

　보통 갑작스레 한 사람을 표적화해서 공격성을 보이는 대표적인 이유는 다음과 같습니다.

　첫 번째는 억지로 제압하여 안정시키려 할 때입니다. 두 번째는 집에 손님이 왔을 때 반려견을 무리하게 크레이트 안에 넣으려 할 때입니다. 세 번째는 산책 중 억지로 목줄을 잡아당기다 빠져버린 경우, 다시 채우려 할 때 반려견이 공격성을 보일 수 있습니다.

　공격적인 행동을 본 보호자는 반려견이 자신보다 우위에 있다고 생각합니다. 하지만 이런 행동은 모두 보호자의 행동으로 인해 반려견이 공포를 느끼고, 스스로 방어하려는 반응일 뿐 알파 신드롬과는 무관합니다.

반려견을 강압적으로 복종시킬 수는 없습니다. 물리적이거나 강압적인 힘으로 제압하면 반려견이 어쩔 수 없이 복종할 수는 있지만, 그것을 존중과 신뢰에 기반한 관계라고 부를 수는 없습니다.

사람과 마찬가지로 반려견도 강압적인 리더보다는 따뜻하고 관대한 리더를 원합니다. 반려견은 이러한 보호자를 신뢰하고 리더로서 인정할 겁니다. 결국, 보호자를 향한 공격 행동을 방지하려면 일방적으로 강한 태도를 보이는 것이 아니라 제대로 된 신뢰 관계를 맺는 것이 먼저라는 점을 인식해야 합니다. 반려견이 행복하려면, 먼저 그들의 요구를 들어주고 편안한 환경을 만들어주는 것이 중요합니다.

반려견이 바라는 것은 무엇일까요? 제일 중요한 건 식사입니다. 반려견에게 필요한 영양소가 균형 있게 들어간 식사를 제공해야 합니다. 또한 반려견이 마음 편히 쉴 수 있는 안전한 공간도 중요합니다. 적절한 운동과 놀이도 병행하고, 여기에 더해 다양한 사람이나 다른 반려견과의 만남 같은 사회적 자극 역시 행복한 삶에 꼭 필요합니다. 그리고 질병을 예방하고 건강을 유지하기 위한 예방접종, 중성화 수술 등의 건강관리와 위생상 필요한 관리(발톱 관리, 항문낭 관리, 귀 청소 등)도 필수입니다.

반려견을 혼내거나 칭찬할 때는 "잘했어!" "안 돼!"처럼 일정한 단어를 정해 사용하는 것이 좋습니다. 다만 반려견은 사람의 말을 단어의 의미로 이해하기보다는, 소리의 톤과 상황으로 인식합니다. 따라서 칭찬할 때는 밝고 상냥한 목소리로 말하며 간식과 함께 보상을 하면, 그 단어를 긍정적인 행동과 연결해 이해하게 됩니다.

또한 부드럽게 쓰다듬어주거나 함께 놀아주는 것도 보상과 칭찬의 좋은 인상을 만들어, 단어 학습에 도움이 됩니다.

반려견이 점차 규칙과 규율을 이해하게 되면, 굳이 간식을 주지 않아도 스킨십만으로도 충분한 보상과 격려가 될 수 있습니다.

반려견을 혼낼 때 어정쩡한 말투로 장황하게 말하면 전혀 알아듣지 못합니다. 낮은 목소리로 강하고 명확하게 싫다는 뜻을 전달해야 합니다. 혼내기보다 "안 돼!"라고 한 후 그 자리를 떠나는 것이 가장 좋습니다.

반려견을 한 번 혼냈다면 아홉 번은 칭찬한다는 긍정적인 생각으로 대하려 노력합니다. 특히 어릴 때 자주 혼내면 보호자의 모든 행동과 훈련에 부정적인 감정이 생겨 겁을 먹거나 공격적으로 변할 수 있습니다.

간식은 뇌물이 아닌 보상으로만 주어야 합니다. 뇌물로 간식을 주면 교육은 결국 실패하게 됩니다. 뇌물은 바람직하지 못한 행동을 바람직한 행동으로 유혹하기 전에 주는 것이고, 보상은 바람직한 행동과 교환하는 것입니다.

문제행동이 심할수록 평소 맛보지 못한 맛있는 간식으로 교육하면 효과가 더욱 좋습니다.

또한 간식은 뇌신경 화학의 변화를 유도하고 긴장을 푸는 데 많은 도움을 주는 고단백식이 좋습니다. 식이성 알레르기가 있거나 약을 먹고 있는 경우는 식이 제한이 필요하기 때문에 동물병원에서 검사를 받은 뒤에 탄수화물과 단백질 급여량을 결정해야 합니다.

반려견 전용 과자나 간식은 기호성이 떨어지는 경우가 많아, 새로운 행동을 가르칠 때 사용하기에 적절치 않을 수 있습니다. 반대로 맛이 지나치게 좋아도 흥분이 가라앉지 않아 안정을 유도하기 어려우니 상황에 맞는 간식을 선택하는 것이 중요합니다.

간식 크기는 최대한 작아야 합니다. 손톱 반 이하 크기 정도여야 배부르지 않고, 살도 찌지 않으며, 지루해하지도 않습니다. 보통 1cm 이하의 큐빅 모양은 피딩 토이에 넣기도 편하고, 보관도 쉽고,

여러 차례 나눠줄 수 있어서 좋습니다. 간식도 한 가지만 주면 흥미를 잃을 수 있으니 다양하게 번갈아 주는 것이 좋습니다.

또한 사료를 먹지 않을 정도로 간식을 많이 준다든가, 간식이 하루에 필요한 칼로리 중 많은 비중을 차지해서는 안 된다는 것을 명심해야 합니다.

간식은 통이나 봉투에 넣어 반려견이 닿을 수 없는 곳에 보관합니다. 그리고 한 번에 한두 개 정도만 손에 쥐고 있다가 보상할 때 줍니다. 반려견이 간식 때문에 흥분해서 갑자기 달려들지 못하게 간식을 쥔 손을 뒤로 숨겼다가 중요한 순간, 반려견의 시선을 끌어야 합니다.

먼저 손만 볼 수 있게 간식을 살짝 가립니다. 그리고 간식을 전달

해 줄 때는 손을 쫙 펴서 주는 것이 좋습니다. 손가락 끝으로 간식을 주면 실수로 손가락을 물 수도 있으므로 좋은 방법이 아닙니다.

반려견이 손을 무서워하면 바닥에 떨어뜨려 주어도 괜찮습니다. 반려견이 보호자에게 다가오는 것조차 두려워하거나 어려워하면 조금 먼 거리에서 던져주면서 조금씩 다가오게 합니다. 반려견이 보호자를 마주 보는 것을 두려워한다면 매우 짧게 쳐다보게 한 다음 바로 간식으로 보상해 줘야 합니다. 만약 반려견이 정면을 보는 것을 싫어하면 처음에는 옆으로 살짝 곁눈질합니다. 반려견이 이러한 상황에 조금 익숙해지면 간식을 쥔 손을 눈에 대고 "눈!"이라고 말한 뒤, 보호자를 쳐다보면 바로 간식을 제공합니다. 이런 과정을 통해 호흡하고 이완하는 것을 알려줄 수 있습니다.

. 훈련할 때 꼭 간식이 필요한가요?

"간식을 들고 있으면 집중력 있게 보호자만 쳐다보는데 간식이 없으면
본척만척해요."

이때 반려견에게는 손에 간식이 있는지 없는지가 최대 관심사일
겁니다. 평소 반려견과 약속한 규칙과 규율을 보호자가 일관되게 지
키지 않았을 때 이런 경향이 나타납니다. 간식은 약속을 지켰을 때
보상으로만 줘야 합니다. 약속된 행동과 무관하게 안쓰러워서 준다
든지 하면 나중엔 이름을 불러도 오지 않을 수 있습니다.

　　간식 대신 스킨십으로도 보상이 가능하지만, 산책하러 갈 때나, 집 안 곳곳에서 언제 어디서든 보상해 줄 수 있도록 준비해 둡니다. 조그마한 용기에 좋아하는 간식이나 사료를 담아 보관해 두면 적절한 타이밍에 보상해 줄 수 있습니다.

　　약속과 보상을 지켜나가는 것은 사람과 반려동물 간의 서로에 대한 존중입니다.

핸드콩 활용하기

훈련할 때나 건강 관리상 간식이나 사료를 바로 주지 않고 반려견의 관심을 끌면서 천천히 줘야 할 때가 있습니다. 이때 핸드콩을 활용하면 좋습니다.

핸드콩은 엄지 손톱 반 정도 크기의 작은 간식을 말합니다. 간식이나 사료를 손바닥에 여러 개 놓고 가볍게 주먹을 쥡니다. 동그랗게 말아 쥔 틈 사이로 냄새를 맡게 하면 반려견은 간식을 먹기 위해 손에 집중합니다. 이때 손을 조금씩 풀어 사료나 간식을 천천히 먹게 합니다. 간식을 먹으려고 손안에 코를 박고 있는 사이 빗질이나 발톱 깎기 등을 할 수 있습니다. 혼자 하기 어려울 때는 한 사람은 핸드콩을, 다른 사람은 교육이나 관리를 하면 됩니다. 평소 간식을 주거나 칭찬으로 보상할 때 핸드콩을 사용하여 몸 만지기를 반복해 주면 좋습니다.

반려견에 대한 애정이 지나쳐 첫날부터 과도하게 놀아주려는 보호자가 많습니다. 첫날은 안아주거나 많이 놀아주기보다는 혼자 공간을 탐색할 수 있는 시간을 주는 게 필요합니다. 장난감을 가지고 혼자 노는 시간을 조금씩 늘려 혼자 있어도 무섭지 않고 재미있다는 것을 알려주어야 합니다. 무섭고 외로울 것 같다며 자주 안아주고 함께 있는 것은 옳은 방법이 아닙니다.

1회에 20~30분 정도 매일 2~3회 놀아주고, 점점 시간을 늘립니다. 반려견이 에너지를 적절하게 쓸 수 있는 활동을 하는 게 좋습니다. 물론 더 놀아줘도 되지만 정확한 시간대를 이용해 서로 간의 규칙을 만듭니다.

노는 시간과 떨어져 있는 시간을 구분하는 이유는, 데려온 지 얼마 되지 않은 생후 3개월 이하의 반려견이 짧은 시간 내에 너무 심하게 놀면, 하루에 섭취하여 만들어낸 가용 에너지를 다 써버려서 탈진으로 저혈당 쇼크가 올 수 있기 때문입니다.

이러한 행동은 놀이 중 공격성을 보이는 형태입니다. 혼을 내면 오히려 더 세게 무는 경우가 많습니다. 반려견이 놀 때 으르렁댄다고 해서 모두 심각한 상황은 아닙니다. 일반적으로 놀이 중의 으르렁거림은 톤이 높고 짧으며 반복적입니다. 반면, 보호자에게 공격성을 드러낼 때는 소리가 낮고 길게 이어집니다. 따라서 소리의 높낮이와 길이 변화를 잘 관찰하는 것이 중요합니다.

놀이 중 공격적인 반려견은 목의 털이 곤두서거나, 귀를 눕히고, 동공이 확장되는 등의 신체적 신호를 보입니다. 또한 부모나 형제와 일찍 분리된 경우, 다른 개와의 놀이를 통해 자기 억제력을 배우지 못해 과도한 행동을 보이기도 합니다. 보호자가 반려견을 신나게 해주려고 너무 거칠게 놀아주면, 반려견의 행동도 거칠어질 수 있습니다.

공격성을 보이는 반려견이라면 반드시 장난감으로 놀아주어야 합니다. 이때 장난감은 반려견의 머리보다 큰 것을 사용하는 것이 좋습니다. 반려견이 물려고 하면 즉시 그 자리를 피합니다. 다시 놀이를 시작할 때는 반려견에게 "앉아!" "기다려!" 같은 기본 명령어를 반복해 흥분을 가라앉히고, "주세요!"라는 명령으로 장난감을 내려놓을 수 있도록 훈련합니다. 놀이가 끝날 때는 "앉아!"라고 지시

한 후 칭찬과 부드러운 쓰다듬기로 마무리해 반려견이 흥분하지 않도록 합니다.

마지막으로, 가지고 놀던 장난감을 망가뜨리거나 물고 뜯지 않는다면, 놀이가 끝난 뒤에도 자유롭게 가지고 놀게 두어도 괜찮습니다.

이밖에 다른 반려견과 어울려 놀 기회를 주는 것도 효과가 좋습니다. 평소보다 산책이나 놀이 횟수를 늘려 에너지를 발산할 수 있게 합니다. 피딩 토이 같은 행동학 장난감을 주거나 푸드 퍼즐, 워블러wobbler를 통해 사료를 주는 것도 좋은 방법입니다. 공격성이 심하면 헤드 칼라를 씌워 행동을 조절할 수 있게 합니다. 만약 이러한 노력에도 불구하고 여전히 공격성을 드러낸다면 동물병원에서 약물 처방을 받고 행동 교정을 지속해야 합니다.

워블러

펫토이 브랜드인 Kong 회사에서 만든 제품으로, 사료를 효과적으로, 재미있게 주기 위해 만들었습니다. 반려견이 코나 손으로 워블러를 건들면 회전하거나 구르면서 사료나 간식이 구멍으로 빠져 나옵니다. 사료를 허겁지겁 먹거나 혼자 있는 시간이 길어 지루해하거나 분리 불안 증상을 보이는 경우에 사용하면 도움이 됩니다.

반려견의 장난감은 실리콘, 봉제, 플라스틱, 간식을 넣을 수 있는 장난감 등 그 종류가 무척 다양합니다. 그런데 장난감의 호불호를 떠나 싫증을 잘 내는 이유는 매우 단순합니다. 장난감의 종류가 다양하지 못하거나 가지고 노는 방법을 모르기 때문입니다. 그저 장난감을 툭 던져주고 혼자 놀라고 하지는 않았나요? 반려견은 장난감을 보면 처음엔 호기심을 보입니다. 하지만 냄새를 맡고 핥아봤는데 그다지 흥미가 없으면 바로 외면합니다.

반려견이 장난감에 흥미를 갖게 하려면 함께 놀아줘야 합니다. 공처럼 생긴 장난감, 오뚝이처럼 생긴 장난감, 과일 모양의 봉제 인형 등 다양한 행동학 장난감들이 있습니다. 추천할 만한 장난감은 피딩 토이입니다. 간식 대신 사료를 10~20알 정도 피딩 토이에 넣어주면 색다른 즐거움을 줄 수 있습니다.

반려견에게 간식이 들어있거나 습식 사료가 발린 장난감은 최고의 즐거움을 줍니다. 혼자 있는 시간에는 하루 5~7개 정도 집 안 곳곳에 숨겨놓습니다. 보물찾기하듯 혼자서도 재미있게 놀 수 있고 후각을 발달시킵니다.

혼자 갖고 노는 장난감은 매일 종류를 바꿔주는 것이 흥미 유발
에 좋습니다. 함께 있을 때는 장난감을 치워두고 공놀이나 잡아당기
기 등 같이 놀 수 있는 장난감으로 바꿔주세요. 혼자 있을 때와 보호
자와 함께 있을 때 가지고 노는 장난감을 구별해서 사용합니다.

보통 반려견이 땅을 파는 이유는 다음과 같습니다. 냄새를 숨기거나 남기기 위해서, 묻어둔 물건(나무 뿌리 등)을 찾아 다시 갖고 놀기 위해서, 소리나 냄새 자극으로 다른 동물을 찾기 위해서, 먹거나 씹을 만한 것(오래된 뼈 등)을 찾기 위해서, 체온을 조절하기 위해서, 혹은 단순히 호기심이나 재미로 땅을 파기도 합니다.

뿌리나 식물은 반려견에게 흥미로운 장난감이 될 수 있으며, 쥐나 곤충 같은 작은 동물의 소리나 냄새에 반응해 땅을 파는 경우도 있습니다. 흙 속은 더운 날에는 시원하고, 추운 날에는 따듯해 반려견이 좋아하는 공간입니다.

반려견은 주로 냄새를 통해 신체적·사회적 정보를 얻습니다. 냄새에는 발정기 여부나 낯선 개의 침입 여부 등 다양한 정보가 담겨 있습니다. 이러한 이유로 배변이나 배뇨 후 냄새를 확인하거나 자신의 냄새를 퍼뜨리기 위해 땅을 파기도 합니다. 이 과정에서 발의 피지선에서 나온 냄새가 남고, 긁은 자국은 시각적인 표시로 작용합니다.

또한 사물이나 냄새나는 물건을 찾기 위해 땅을 파는 행동은 반려견의 지적 능력과 후각 경험을 풍부하게 해주는 좋은 놀이입니다. 사교적이고 활동적인 반려견의 경우, 호기심 때문에 땅을 파는 경우도 많습니다. 하지만 보호자가 함께 놀아주거나 같이 어울릴 다른 반려견이 있다면 이러한 땅파기 행동은 자연스럽게 줄어듭니다.

땅 파기 욕구를 충족시킬 방법에는 여러 가지가 있습니다. 간식, 장난감 등을 모래가 담긴 통에 묻어 찾도록 하거나, 플라스틱 수영장에 물을 조금만 채우고 푸드 퍼즐이나 얼린 간식을 띄워주면 효과적입니다. 얼린 간식은 호기심을 자극할 뿐만 아니라 더위를 식히는 데도 좋습니다. 축축한 곳을 파길 좋아하는 반려견에게는 유아용 수영장에 물을 채워 좋아하는 장난감을 넣어주면 매우 좋은 놀이터가 될 수 있습니다.

이 밖에도 푸드 퍼즐로 지적 호기심을 충족시켜 줄 수도 있고, 체온조절을 위해 여름에는 선풍기, 젖은 모래를 채운 수영장과 나무 그늘을 제공하고, 겨울에는 따뜻한 집 등을 제공해 주면 좋습니다.

반려견이 소유한 물건에 대한 집착은 일종의 강박 증상이라고 말할 수 있습니다. 강한 소유욕을 가진 반려견은 보호자가 물건을 가지고 가려 할 때 지속적으로 공격성을 보입니다. 물건이 옆에 있거나 혹은 소유하지 않음에도 이런 공격성이 나타날 수 있습니다. 그런데 문제는 그토록 원하던 물건을 막상 갖게 되어도 어쩌지 못해 불안해하며 경직되어 있습니다.

비슷한 증상으로 보호자가 물건에 접근하거나, 가지고 놀 때 방해를 받으면 나타나는 충동 조절 공격성도 있습니다. 이때는 물건을 지키거나, 가지고 다니거나, 숨기려고 합니다. 또한 소유한 물건을 계속 감시하다 사람이나 다른 동물이 접근할 때 짖거나 위협합니다.

반려견이 장난감을 갖고 싶어 하면 차분히 앉아서 기다리게 한 후 보상으로 장난감을 줍니다. 그리고 반려견이 보호자에게 장난감을 가져왔을 때 칭찬하고 간식으로 보상합니다. 그다음에 "주세요"라고 말하면서 장난감을 받았다가 다시 장난감을 돌려주는 연습을 반복합니다. 반려견이 장난감을 가지고 놀다가 멈춘다든가, 장난감을 내려놓으면 칭찬하고 간식으로 보상해 줍니다. 장난감을 미리 많이 준비해 놓고, 장난감에 집착하기 전에 계속 번갈아 가며 건네주고 충분히 지칠 정도로 놀게 한 다음, 끝나고 모두 회수하는 방법도 좋습니다.

소유욕이 심해 집착 수준까지 보인다면 반려견이 지키려는 물건에 다른 반려견이 접근하지 못하게 하고 보호자도 건드리지 않아야 합니다. 그런 다음 간식이나 장난감 보상을 통해 보호자가 다가가도 흥분하며 반응하지 않도록 가르쳐야 합니다.

소유욕을 완화하는 가장 좋은 방법은 물건에 대해서 걱정할 필요가 없다는 것을 가르쳐서 지시에 따라 물건을 내려놓게 만드는 것입니다.

이때 가장 중요한 기초교육은 존중, 심호흡, 이완입니다. 이는 바로 "앉아!" "기다려!" "엎드려!"의 자세입니다. 차분하게 이완한 채로 앉거나 엎드려서 천천히 호흡하면서 기다리게 합니다. 반려견이 바로 볼 수 있도록 2~3cm 앞에 물건을 놓습니다. 그렇게 쳐다보면서 호흡하고 기다리면 보상을 해줍니다. 계속 기다리라고 지시하면서 물건을 들었다가 바로 제자리에 놓습니다. 잠시 자리를 피했다가 다시 돌아왔는데도 반려견이 움직이지 않고 그대로 있었다면 그에 대해서도 보상을 해줍니다. 이 행동을 반복합니다. 이때 물건과 반려견의 간격을 아주 천천히 좁혀 갑니다. 그래도 반려견이 움직이지 않고 잘 기다리고 있으면 그때마다 매번 보상해 줍니다. 만약 반려

견이 무척 예민한 상태라면 헤드 칼라를 착용하고 연습해야 안전합
니다. 앉아서 기다리는 것만으로는 절대 안 됩니다. 반드시 심박수
수를 낮춰주고 흥분을 가라앉혀서 호흡으로 이완해야만 합니다.

그리고 반려견이 평소 좋아하는 간식은 그에 대한 집착이 없는
경우에만 사용해야 합니다. 너무 맛있는 음식으로 교육하지 않는 것
이 안전합니다.

반려견이 보호자에게 달려드는 것은 반가움에서 나오는 행동입니다. 하지만 비 오는 날이나 잘 차려입고 외출하려 할 때 달려들면 매우 난처한 상황이 벌어지기도 합니다. 어린아이나 어르신에게 갑자기 달려들면 놀라서 넘어져 다칠 수도 있습니다. 이렇게 갑자기 뛰어들 때마다 행동을 저지하기 위해 보호자나 주변 사람들이 큰소리를 내거나 화를 내는데 그러면 달려드는 행동은 더욱 강화됩니다.

이런 경우 반려견이 어릴 때부터 어떤 상황에서도 달려들지 않도록 미리 교육할 필요가 있습니다. 사람들과 마주할 때마다 바로 흥분을 가라앉히고 그 자리에 앉는 방법을 가르쳐야 합니다.

우선 "앉아!"라는 지시어를 가르칩니다. 훈련할 때뿐만 아니라, 간식과 사료를 줄 때나 산책하러 나갈 때처럼 반려견이 기대하는 일이 시작되기 전에 먼저 제자리에 가만히 있는 습관을 들여야 합니다. 반려견이 앉으면 간식 등으로 적절한 보상을 해줍니다. 지시어로 규칙을 지키며 앉아 있는 시간을 점차 늘려 사람을 보면 자발적으로 앉는 연습을 시킵니다. 그런 뒤 보호자와 반갑다고 인사하는 연습을 합니다.

우선 반려견에게 목줄을 채워 어딘가에 묶어 두거나 누군가에게

맡깁니다. 반려견이 다리 쪽으로 달려들며 다리를 올릴 때 절대 발로 차거나 "하지 마!"와 같은 부정적인 지시어를 말하면 안 됩니다. 대신 반려견의 시선을 피한 채 자세를 휙 돌렸다가 조금 떨어진 곳에서 다시 반려견에게 다가갑니다. 다가갔을 때 뛰어들면 같은 방법으로 돌아섭니다. 그리고 조금 시간을 두고 다시 다가갑니다. 또 뛰어들면 등을 돌립니다. 이 방법을 수차례 반복합니다. 그러면 어느새 반려견도 자신이 달려들면 보호자가 외면하는 것을 알게 됩니다. 보호자가 싫어하는 걸 눈치챈 반려견은 그런 행동을 하지 않게 됩니다. 이런 방법을 앞서 설명한 '긍정 강화 훈련'이라고 합니다. 반려견이 바른 행동을 할 때까지 묵묵히 기다려주는 인내가 필요합니다.

상황을 좀 더 상세하게 알아야겠지만 대략 두 가지 경우로 나눌 수 있습니다. 우선 반려견이 보호자와 좀 더 놀고 싶은 것 같습니다. 반려견은 지금 상당히 신이 난 상태로 좀 더 놀이를 즐기고 싶은데 보호자가 장난감을 치우고 자려고 하자 집착이 생겨 짖을 수 있습니다. 반려견이 짖으면 마지못해 혼자 놀라고 장난감을 던져주지만, 반려견은 이를 보호자가 놀자고 보내는 신호로 착각합니다. 항상 신나고 재미있게 놀고 난 후에는 반려견이 흥분되어 있다는 걸 명심해야 합니다. 이때 놀이가 끝났음을 알려주는 마무리 과정이 필요합니다. 물론 대화로서 "이젠 그만!" "이제 자자"라고 말해봤자 전혀 알아듣지 못합니다. 놀이나 다른 활동을 마치고 나면 항상 "앉아!" "기다려!" "엎드려!"를 지시해 흥분된 감정을 가라앉혀야 합니다.

또 다른 경우는 보호자와 떨어지기 싫어서일 수도 있습니다. 반려견이 보호자와 함께 잠든 경험이 있어 침실 문을 닫으면 보호자를 부릅니다. 그런데 짖는 소리는 점점 심해지고 이를 견디지 못한 보호자가 다시 방문을 열어 반려견과 마주합니다. 그러면 결과적으로 반려견이 짖으면 보호자가 응답하여 문을 열어주는 상황이 되다 보니 반려견은 이를 긍정적으로 학습하게 됩니다.

반려견이 계속해서 짖을 경우 대부분 보호자는 시끄럽다고 소리를 지르거나, 말로 설득하거나, 초크 체인을 사용하여 세게 잡아당겨 교정하려 합니다. 하지만 이는 이런 훈육법의 강도를 점점 높여야 하는 결과를 초래합니다. 반려견이 잠을 자야 하는 시간에 보호자와 떨어지는 것에 대한 두려움이나 긴장감이 생기면 교정이 힘들어집니다. 그러니 밤이 아닌 다른 시간대에도 떨어져 지내는 연습을 해야 합니다. 반려견이 자기 집으로 돌아가서 기다리게 하는 연습도 시켜야 합니다. 놀다가 방으로 곧장 들어가기보다는 잠자기 전에 반려견이 편안하게 앉거나 엎드리는 자세로 보호자를 기다리는 연습을 시킵니다. 기다리는 시간을 30초, 1분, 3분, 5분, 10분 등으로 점차 늘려서 보호자와 떨어져도 금방 돌아온다는 것을 알려주어 반려견을 안심시킵니다.

일명 '붕가붕가'로 불리는 개의 마운팅mounting은 교미를 연상시켜서 당황스럽지만, 반려견에게는 매우 정상적인 행동입니다.

마운팅을 하는 이유는 무척 다양합니다. 번식 본능에 따른 성적인 행위만을 의미하지 않습니다.

첫째, 중성화하지 않은 수컷은 일 년 내내 교미가 가능하지만 암컷은 생리 기간이 발정기입니다. 발정기인 암컷의 냄새를 맡은 수컷이 흥분하면 마운팅을 합니다.

둘째, "이 구역의 리더는 나야!"라는 서열을 알려주기 위해 마운팅을 하기도 합니다.

셋째, 자신이 마운팅 할 때 보호자가 격렬한 반응을 보인 경험을 했다면 관심을 끌기 위해 마운팅을 합니다.

넷째, 기분이 좋을 때 혹은 극도로 긴장하고 흥분했을 때 마운팅을 하기도 합니다.

다섯째, 생식기 부분에 자극이 있거나 건강상 이상이 있을 때도 마운팅을 합니다. 이때는 검진을 받아 적절한 치료를 합니다.

여섯째, 사회화 교육이 부족해 같이 놀아달라는 요구를 마운팅으로 하는 경우가 있습니다.

마운팅이 낯 뜨거워 "하지 마!" "안 돼!"라며 혼을 내거나 윽박지르는 것은 보호자와 반려견 사이의 신뢰를 무너뜨리는 행동입니다.

마운팅 할 때 말로써 설득하려는 행동 또한 잘못입니다. 반려견에게 "재밌어?" "왜 자꾸 그런 행동을 하는 거야?"와 같은 말은 응원하거나 호응하는 언어로 들릴 뿐입니다. 격려한 반응을 보일수록 보호자가 좋아한다고 착각할 수 있기 때문입니다.

일단 마운팅을 하면 말없이 살짝 밀어내면서 자리를 뜹니다. 여기서 중요한 점은 아무런 말도 하지 말고 시선도 마주치면 안 된다는 것입니다. 그저 조용히 묵묵히 자리를 떠나야 합니다. 그리고 5~10분 정도 있다가 다시 돌아와서 아무 일 없듯이 평소대로 놀아주면 됩니다. 마운팅을 하면 함께하던 놀이가 중단된다는 것을 알고 마운팅이 부정적이라는 것을 알게 됩니다.

개의 마운팅

마운팅은 '오르다'라는 뜻으로 개가 사람의 팔, 다리나 인형, 베개 등을 자신의 다리 사이에 끼우거나 다른 개의 등 뒤에 선 채로 엉덩이를 들썩이는 행동을 말합니다.

Q. 사료는 얼마나 주는 게 좋을까요?

반려견의 사료 급여 횟수는 나이에 따라 달라집니다. 생후 4개월까지는 하루 3~4회, 5개월부터 1년까지는 2~3회가 적당합니다. 성견이 되면 하루 1~2회(2회를 권장)로 줄입니다.

데려온 지 얼마 되지 않은 반려견의 경우에는, 반려견이 있던 곳에서 어떠한 사료를 먹였는지 미리 알아보고, 웬만하면 같은 브랜드의 사료를 준비합니다. 그 사료를 물에 불려 먹였는지도 물어봐야 합니다. 사료를 불려 먹일 때에는 3~4일 간격으로 조금씩 덜 불린 사료로 교체해 나중에는 건식 사료를 씹어 먹을 수 있게 합니다.

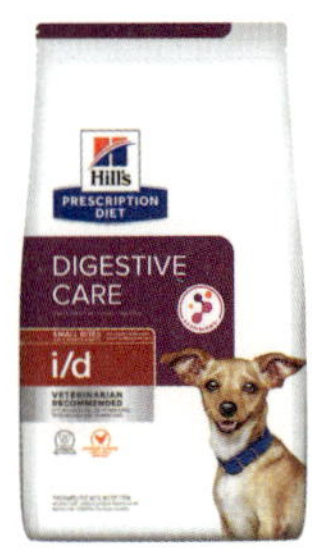

사료를 불규칙하게 주거나, 늘 밥그릇에 사료를 가득 채워놓으면 과식하게 되어 건강 이상이나 문제행동을 일으킬 수 있습니다. 보호자가 출근이나 등교로 인해 밤늦게 돌아오면 반려견이 혼자 배고프고 힘들지 않을까, 싶어 자율 급식을 하는 경우가 있습니다. 바쁜 현대인들이 제시간에 사료를 줄 수 없는 사정은 이해하지만, 자율 급식은 바람직하지 않습니다. 시간에 맞춰 사료를 주는 것이 중요합니다. 일과 중 반려견과 떨어져 있는 시간이 길다면 자동 급식기를 이용해 일정 시간에 사료를 먹을 수 있게 신경 쓰는 것이 좋습니다.

사람도 불규칙하게 식사를 하면 위장병에 시달릴 수 있습니다. 반려견도 마찬가지입니다. 규칙적인 식사를 해야 위장관 질환에 걸리지 않습니다.

이는 행동의학적 측면에서도 중요합니다. 하루 두세 번의 사료 급여는 반려견과의 약속입니다. 누누이 강조하지만 반려견과 보호자 사이에는 서열이 없습니다. 서로 정해진 규칙과 규율에 따라 약속을 지키며 함께 살아가는 관계입니다.

사료를 줬는데 남기거나 먹지 않으면 정확히 20분 뒤 치웁니다. 제시간에 밥을 먹지 않으면 먹을 수 없다는 규칙을 가르쳐야 합니다.

밥그릇과 물그릇은 집과 화장실 사이에 두되, 집 가까이에 두는 것이 좋습니다. 반려견 스스로 화장실과 집을 구분하는 시기가 오기 때문입니다.

물은 항상 신선하게, 매일 같은 시간, 같은 양으로 줍니다. 그래야 음수량을 알 수 있습니다. 평소와 물 먹는 양이 다르다면 건강에 문제가 생겼을 수 있기 때문에 주의 깊게 살펴봐야 합니다. 동물병원에 데려가서 진찰을 받는 것도 좋습니다. 초기 대응을 빨리하는 것이 질병을 예방하는 지름길입니다.

반려견 교육의 핵심은 '흥분'을 관리하는 것입니다. 흥분은 모든 문제행동의 출발점입니다. 대부분 반려견은 사료나 간식을 먹을 때 가장 흥분합니다.

흥분한 반려견을 진정시키는 방법은 "앉아!"라고 지시하는 것입니다. 지시를 따랐을 때 사료나 간식을 주고 따르지 않으면 10초 정도 자리를 피했다가 다시 시도해야 합니다. 너무 오래 자리를 뜨거나 아예 주지 않으면 오히려 역효과가 날 수 있으니 주의하세요.

보호자가 밥그릇을 반려견의 시선보다 높게 들고 있으면 반려견은 자연스레 앉은 자세를 취할 수밖에 없습니다. 이때를 놓치지 말고 바로 칭찬하며 사료나 간식을 줍니다. 조금씩 습관이 들면 잠시 앉은 상태에서 기다리게 한 후 건네주면 더욱 예절 바른 반려견이 될 수 있습니다.

또 한 가지 문제는 반려견의 먹는 속도입니다. 대다수 반려견은 지나치게 빨리 먹습니다. 허겁지겁 먹는 습관은 과식으로 이어질 수 있고, 먹는 데 쓰이는 에너지 소비도 지나치게 줄어들게 합니다. 이는 다른 문제행동을 일으키는 원인이 될 수 있습니다.

이럴 때 다양한 방식으로 식사를 제공하는 것이 좋습니다. 퍼즐처럼 생긴 장난감에 먹이를 넣어서 주는, 일명 '푸드 퍼즐'이 가장 흔히 사용되는 방법입니다. 반려견은 사료나 간식을 꺼내기 위해 장난감을 이리저리 움직여야 하기 때문에 천천히 먹게 될 뿐만 아니라 많은 에너지와 시간을 사용합니다. 그리고 그 자체로도 좋은 놀이가 됩니다. 사료를 바닥에 넓게 뿌려주는 것도 하나의 방법입니다. 좋아하는 간식을 반려견이 접근할 수 있는 곳에 숨겨두는 방법도 있습니다.

사료는 펠릿 형식의 시리얼 모양으로 되어 있습니다. 사료마다 맛과 향이 다르지만, 사람들 눈에는 맛도, 영양가도 없어 보입니다. 그래서 일부 보호자는 매번 똑같은 사료만 먹는 반려견이 안쓰러워 사람이 먹는 음식을 먹이려고 합니다. 하지만 반려견에게 사람이 먹는 음식을 함부로 주면 안 됩니다. 사료는 이미 충분한 영양소를 갖췄습니다.

반려견이 사료를 잘 먹지 않는 원인은 매일 먹는 사료에 질려서가 아닙니다. 다음과 같은 두 가지 이유 때문일 수 있습니다.

첫째, 치아 상태가 좋지 않거나 소화기 장애가 생겼을 수도 있습니다. 이런 경우에는 부가적으로 구토와 설사를 동반하기 때문에 이런 증상을 함께 보인다면 검진을 받는 것이 좋습니다.

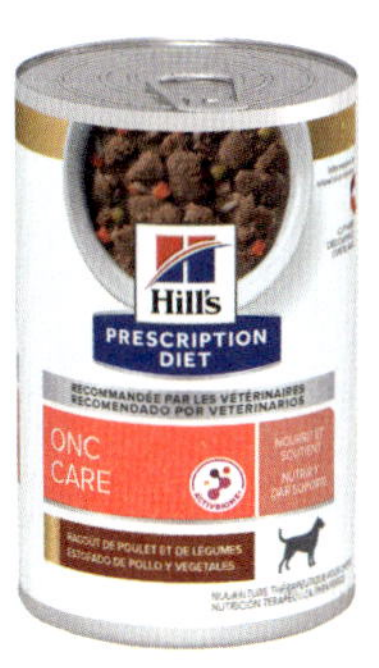

둘째, 보호자의 습관에 있습니다. 사료를 불규칙하게 줘서 규칙적인 식습관을 갖지 못했을 때, 간식을 무분별하게 줬을 때, 산책과 놀이가 부족해서 칼로리 소모 및 대사량 소모가 잘되지 않을 때, 보호자 앞에서만 먹으려고 하는 집착 행동 등이 원인으로 꼽힙니다. 이런 경우 배가 고프지 않을 뿐만 아니라 흥미도 잃은 상태여서 잘 먹지 않습니다.

사료는 일정한 시각에 규칙적으로 주는 것이 좋습니다. 자유 급식은 반려견의 올바른 식사 습관을 위한 보호자와의 약속과 존중에서 벗어나는 행동입니다. 물론 보호자가 불가피한 사정으로 생활이 불규칙하다면 자동 급식기 사용을 추천합니다.

Q. 식사할 때 옆에서 자꾸 달라고 보채요

"식사할 때 자꾸 반려견이 먹을 것을 달라고 보채요"라고 호소하는 보호자가 많습니다.

반려견에게 아무렇지 않게 자신이 먹던 음식을 주는 보호자도 있지만, 달라고 보채는 통에 어쩔 수 없이 주는 보호자도 있습니다.

단언컨대 사람이 먹는 음식은 반려견에게 여러 가지 문제를 일으킵니다. 가장 큰 문제는, 반려동물에게 해가 되는 음식이 생각보다 많다는 점입니다.

특히 양파는 반려견이나 반려묘의 적혈구를 파괴해 빈혈을 유발합니다. 초콜릿은 적게 먹었을 경우엔 설사와 흥분에서 그치지만, 다량 섭취 시 경련 등 신경 증상을 일으킬 수 있습니다. 자일리톨은 저혈당과 간 괴사를 유발할 수 있고, 포도는 급성신부전을 일으킵니다.

무엇보다 반려견의 영양 불균형을 일으키며, 주식인 사료를 싫어하게 될 수도 있습니다. 반려견이 쓰레기통을 뒤지거나 식탁을 덮치는 등 사고 확률도 높아집니다. 식사 시간이 반려견으로 인해 지속적으로 방해받는다는 점도 문제입니다.

이 같은 이유로 사람이 먹는 음식을 주지 않는 것이 좋습니다. 하지만 이미 식사할 때마다 짖거나 보채는 습관이 생겼다면 어떻게 해야 할까요?

먼저 식사 중에 반려견이 보채더라도 반응하지 않는 것이 중요합니다. 물론 계속 무시하기는 쉽지 않지만, 반려견이 잠시라도 짖지 않고 기다리는 순간을 잘 포착해 간식을 주어야 합니다. 처음에는 얌전히 있는 짧은 순간에도 즉시 보상해야 효과를 볼 수 있습니다. 이후 점차 기다리는 시간을 늘려가며 보상하면, 반려견은 '기다리면 좋은 일이 생긴다'라는 것을 배우게 됩니다.

평소에 "앉아!" 같은 기본 명령에 따라 기다릴 때 사료나 간식을 주면 교육에 도움이 됩니다. 단, 보채거나 짖을 때 간식을 주면 절대 안 됩니다. 그러면 오히려 '보채면 먹을 걸 얻을 수 있다'라고 학습하게 됩니다. 충분히 익숙해지면, 보호자가 식사를 모두 마친 뒤에 보상으로 간식을 주는 단계로 넘어갑니다. 이때 가족 구성원 모두가 일관된 태도로 행동하는 것이 매우 중요합니다.

사람이 먹는 음식에 관심이 많아 반려견 간식에 반응하지 않는다면, 닭가슴살을 삶아 조금씩 간식으로 활용해 보세요.

무엇보다 가장 좋은 방법은 문제가 생기기 전에 예방하는 것입니다. 처음부터 보호자의 식사 시간에 식탁에서 반려견에게 음식을 주지 않는 것, 이것이 보호자와 반려견이 함께 행복해지는 첫걸음입니다.

 보호자가 눈앞에 없어야 사료를 먹어요

아마도 공짜 간식을 너무 많이 주거나, 너무 자주 주거나, 아니면 사료를 불규칙하게 주기 때문입니다. 보호자가 자신을 부를 때 간식을 주는 줄 알고 좋아했다가 막상 늘 먹던 사료를 주니 사료마저 외면합니다. 그러니 보호자가 없을 때 마지 못해 사료를 먹는 것이죠.

이럴 때는 반려견에게 언제, 어느 만큼 간식을 주는지 확인해 볼 필요가 있습니다. 약속을 잘 지켜서 주는 보상으로 간식을 주는 것이 아니라 예뻐서, 귀여워서, 밥을 잘 안 먹어서, 혼자 노는 것이 안쓰러워서 등 기타 이유를 붙여 간식을 주는 것은 아닌지 점검해 보세요.

무분별한 간식 급여를 중단하고 규칙적인 식습관을 들이는 게 중요합니다.

20분 안에 먹지 않으면 사료 치우기

아이를 키울 때 식습관을 잘 들이는 것이 중요하듯 반려견도 마찬가지입니다.

사료를 주고 20분이 지나면 먹지 않았거나 사료를 남겼더라도 밥그릇을 치웁니다. 제시간에 밥을 먹지 않으면 먹을 수 없다는 것을 알려주기 위해서입니다.

"4~5개월부터 밥을 먹을 때 짖거나 공격적인 반응을 보입니다. 스킨십에 익숙하게 하려고 밥 먹을 때 등을 만지는데, 물려고 해서 체벌을 가한 적이 있어요. 지금은 증상이 점점 심해져 다가가기만 해도 짖으면서 밥을 먹는데 어떻게 하면 좋을까요?"

이런 경우, 반려견은 지금까지 불안한 상태에서 식사해 온 경험 때문에 식사 시간을 보호자와의 대결이나 경쟁 상황으로 인식하고 있을 가능성이 있습니다. 그러나 체벌은 해결책이 아닙니다. 대부분의 경우 체벌은 오히려 공격성을 강화시킬 뿐입니다. 특히 웰시 코기, 비글, 바셋 하운드처럼 성격이 강한 품종은 체벌을 받을수록 더욱 예민하고 공격적으로 반응할 수 있습니다. 이미 잘못된 식습관이 굳어졌다면, 문제행동을 해결하기 위해 장기적이고 점진적인 접근이 필요합니다.

반려견이 식사 시간에 긴장하지 않도록, 때때로 식사 시간이나 장소, 식기를 바꿔주는 것도 도움이 됩니다. 이전과는 다른 장소에서 다른 식기에 사료를 담아 밝은 목소리로 "앉아!" "기다려!" 같은 명령을 하며 흥분을 가라앉힌 뒤 식사를 시작하게 합니다. 사료를 먹는 동안에는 보호자가 약간 떨어져 있는 거리에서 지켜보며, 반려견이 차분히 먹을 수 있도록 합니다.

반려견이 편안하게 먹고 있다면, 보호자는 멀리서 좋아하는 간식을 밥그릇 근처에 던져주며 긍정적인 경험을 만들어줍니다. 단, 반려견이 화를 낼 조짐이 보이면 간식을 주지 말고 즉시 거리를 두어야 합니다.

이후에는 간식을 던져주며 조금씩 거리를 좁혀 갑니다. 어느 정도 거리가 가까워졌다면, 간식을 부드러운 공이나 천으로 된 장난감 위에 올려 밥그릇에 넣어주는 방식으로 시도합니다. 이렇게 하면 혹시 반려견이 갑자기 입질하더라도 다칠 위험이 없습니다.

이 훈련의 목적은 반려견이 '보호자가 다가오는 것은 음식을 빼앗기 위한 것이 아니라, 나에게 좋은 것을 주려는 행동'으로 인식하도록 학습시키는 것입니다. 무리하지 않고 차분히 반복하면, 점차 화를 내거나 경계하는 행동이 사라집니다.

마지막으로, 식사 중인 반려견의 몸을 만지고 싶다면 식사 중이 아닐 때 -예를 들어 간식이나 사료를 먹을 때, 기분이 좋을 때- 자연스럽게 몸을 쓰다듬으며 신뢰를 쌓는 연습을 해주세요.

. **밖에 나오면 아무것도 먹지 않아요**

집에 있을 때 어떤 식습관을 가졌는지가 매우 중요합니다. 끼니 때마다 정량의 사료를 주고 나서 10~20분 안에 그릇을 비우는 규칙적인 식습관을 가졌는지, 아니면 사료를 듬뿍 담아두고 먹고 싶을 때마다 먹게 하는 자율 급식을 하는지에 따라 영향을 받습니다. 자율 급식이라면 집 안이든 밖이든 언제든 먹을 수 있다는 생각에 먹지 않으려고 하는지도 모릅니다.

혹은 외출 자체에 대한 두려움이 있을 수도 있습니다. 아무리 식탐이 강한 반려견이라도 긴장하거나 무서우면 잘 먹지 않습니다. 따라서 언제부터 먹지 않았는지 세심하게 살펴보아야 합니다.

외출 첫날부터 먹지 않았다면, 외부 환경에 대한 적응과 연습 없이 갑작스럽게 낯선 곳에 노출된 것이 원인일 가능성이 큽니다. 한편 평소 밖에서도 잘 먹다가 갑자기 아무것도 먹지 않는다면 외출 시 어떤 충격적인 공포나 두려움을 느꼈을 수 있습니다. 외출만 하면 동물병원에서 주사를 맞은 기억밖에 없거나, 펫숍에서 미용을 받을 때의 스트레스만 떠올렸을 수도 있습니다. 아니면 외출을 하는 그 순간에 무서운 소리를 들었을 수도 있습니다.

외출 시에 두려움이 많아서 먹지 않는 것이라면 외출의 즐거움을 알려주면 도움이 됩니다. 외출하기 전에 먼저 긴장을 풀어주세요.

외출하기 전에 좋아하는 간식을 먹여 기분 좋게 만듭니다. 현관과 대문 앞에서도 간식을 먹이는 연습을 합니다. 물론 시간이 오래 걸릴 수도 있습니다. 앞서 말했듯이 세 살짜리 어린아이를 어르고 달래는 것이라고 이해하면 어렵지 않습니다.

만약 반려견이 좋아하는 간식으로도 개선되지 않는다면 약물 처방이 필요할 수 있습니다. 동물병원에서 질병이 있는지 검사한 뒤에 약물 처방과 함께 간식 훈련을 하면 더욱 쉽게 교육할 수 있습니다.

🦴 조금 더 기다려주세요, 배변은 연습 중이에요

Q. 첫 배변 훈련은 어떻게 할까요?

배변·배뇨 패드는 반려견이 자주 누워 있는 자리와 조금 떨어진 곳에 두면 됩니다. 입양되기 전에 사용하던 패드나 부모·형제와 함께 쓰던 패드를 가져와서 적응시켜 주면 도움이 됩니다. 사용하던 패드를 쓰면 반려견의 발바닥에 닿는 느낌과 후각을 편안하게 하여 낯선 환경에도 잘 적응하게 됩니다.

반려견의 하루는 배변·배뇨와 함께 시작합니다. 매일 규칙적으로 반복되기 때문에 정해진 시간에 화장실 교육을 해야 합니다. 반려견은 사료를 먹고 약 30분에서 1시간 후면 배변을 하는데, 이때 자연스럽게 배변·배뇨 훈련을 하면 됩니다.

아침에 반려견이 일어났을 때, 사료를 먹고 난 뒤, 그리고 울타리에서 나왔을 경우에는 반드시 화장실(패드)로 데려가서 배변·배뇨를 유도합니다. 반려견이 잘 따라주면 그 자리에서 칭찬과 간식 그리고 스킨십으로 보상해 줍니다. 그러면 반려견은 화장실에 대해 좋은 감정을 가질 수 있습니다. 배변을 해서 시원한데 칭찬까지 받으니 기분이 좋아지고, 맛있는 것도 먹을 수 있으니 즐거운 장소라고 인식하게 됩니다. 이러한 훈련이 반복적으로 꾸준히 이루어진다면 반려견의 화장실 적응은 어렵지 않습니다.

또한 산책을 단순히 대소변을 해결하기 위한 수단으로 여기는 경우가 있는데, 이는 바람직하지 않습니다. 물론 산책 중에 대소변을 볼 수는 있지만, 그렇게 되면 반려견은 집에서는 최대한 참았다가 밖에서만 배변하려는 습관을 들이게 됩니다. 이 습관이 굳어지면 매번 배변을 위해 반려견을 데리고 외출해야 하는 불편함이 생기죠.

따라서 배변 교육은 반드시 집 안에서 이루어져야 합니다. 집에서 안정적으로 배변하는 습관을 들이면, 반려견은 환경이 바뀌어도 스트레스 없이 화장실 자리를 인식하고 배변을 조절할 수 있게 됩니다.

Q. 실수해서 혼을 냈더니 숨어서 배변·배뇨를 해요

배변·배뇨를 참지 못해 패드가 아닌 다른 곳에 실수하더라도 곧바로 보호자가 때리거나 야단치면 안 됩니다. 그렇게 하면 반려견은 배변·배뇨 자체가 잘못된 행동이며, 보호자가 싫어하는 행동으로 생각하게 됩니다. 또한 배변·배뇨용 화장실 패드를 불쾌한 장소로 인식하게 됩니다. 배변·배뇨 실수를 할 때마다 혼나는 일이 반복되면 화장실을 쳐다보지 않을 수도 있습니다. 그러다 보면 반려견은 위축된 마음에 계속 실수를 할 것이고, 그렇게 실수하고 주눅 들어 있으면 보호자는 '아니, 잘못된 줄 알면서 왜 그곳에다 배변·배뇨를 하는 거야?'라고 생각하고 또 화를 낼 것입니다. 그런 악순환을 만들지 않기 위해서 절대 화를 내면 안 됩니다.

먼저, 식습관을 규칙적으로 해서 배변·배뇨 시간을 일정하게 맞추고, 반려견이 배변·배뇨를 할 때마다 칭찬과 간식 보상을 통해 화장실에서의 배변·배뇨는 신나고 재미있는 행동임을 알려줘야 합니다. 물론 교정 시간이 조금 걸리겠지만 인내하고 기다려주면 금방 달라진 모습을 볼 수 있습니다.

반려견이 엉뚱한 곳에 배변·배뇨를 보았다면 냄새를 제거해 주어야 합니다. 이때, 향기로 냄새만 잡아주는 탈취제보다는 되도록 암모니아가 분해되어 냄새를 없애주는 기능성 탈취제를 사용하는 것이 중요합니다. 암모니아가 분해되지 않는 방향제를 사용하게 되면 반려견은 암모니아 냄새가 남아 있는 장소가 화장실인 줄 알고 똑같은 실수를 합니다. 반드시 암모니아 냄새를 잡아주는 탈취제와 소취제를 사용해야 행동 교정에 도움을 줄 수 있습니다.

연구에 따르면 조사한 반려견 중 약 16%가 똥을 먹는 것으로 확인되었습니다. 인간인 우리가 볼 때는 다소 엽기적인 행도인데 개라는 동물에게 이는 대부분 정상적인 행동이라고 합니다. 반려견이 배가 고프거나 영양이 결핍되어서 똥을 먹을 수도 있지만 매우 드문 경우입니다.

배설물을 먹는 증상은 신체적 질병이 있을 때 나타날 수 있습니다. 음식에 대한 소화흡수 장애 관련 질환(외분비 췌장기능부전, 만성 장 질환 등)이나 식욕이 과다하게 증가하는 질환(당뇨병, 부신피질기능항진증 등)에서 나타날 수도 있습니다. 하지만 이 또한 변을 먹는 주요 원인은 아닙니다.

자신의 것을 비롯한 다른 동물의 배설물을 먹는 행동을 '식분증'이라고 합니다. 주로 성장기에 보이는 행동으로 나이가 들면서 자연스럽게 사라집니다. 잡식성인 늑대의 본능을 이어받은 개는 호기심이나 놀이의 일부로 똥뿐만 아니라 다양한 물건을 입에 물고 뜯거나 삼키기도 합니다. 식분증을 보이는 반려견은 배설물 외에도 다른 것들을 잘 물어뜯거나 쓰레기통을 뒤지거나 식탁의 음식을 훔쳐 먹는 경우를 볼 수 있습니다.

보호자의 잘못된 배변 교육이 식분증 습성을 만들기도 합니다. 배변·배뇨를 실수했을 때 교육의 목적으로 보호자가 반려견을 혼내거나 벌을 주는 경우가 있는데, 이런 교육이 반복되면 반려견은 강박 장애로 똥을 먹어서 없애기도 합니다. 따라서 강압적이고 일방적인 벌칙을 통한 화장실 교육은 절대 하지 말아야 합니다.

많은 반려견이 다른 동물의 변 냄새를 좋아합니다. 특히 단백질이 풍부한 고양이 변을 좋아합니다. 초식동물(사슴, 토끼, 소, 말 등)의 변은 그 안에 있는 세균이 소화나 면역 기능을 돕거나 자체가 단백질원이 되기 때문에 냄새를 맡는 것만으로도 좋아합니다. 또 초식동물의 변은 소화된 곡물을 얻는 좋은 방법이기도 합니다.

그런데 아무리 정상적인 행동이라 하더라도 인간의 입장에서는 반려견이 똥을 먹는 행동을 인정하고 허용하기는 쉽지 않습니다. 이를 교정하기 위해 여러 기능성 제품들이 나와 있습니다. 관련 제품들이 완벽하게 교정해 주지는 못하지만, 어느 정도 도움이 되어 많이들 사용하고 있습니다. 어떤 보호자는 변에다 후춧가루, 칠리소스, 식초 등을 뿌리기도 하는데, 대부분 효과가 없으니 자제해야 합니다. 반려견이 변을 맛으로만 먹는 게 아니기 때문입니다.

우선 변을 먹는 반려견은 정기적으로 구충을 해줘야 합니다. 어린 강아지일수록 2주 간격으로 자주 구충을 해줍니다. 3개월 이상은 한 달에 한 번, 6개월 이상의 성견은 두세 달에 한 번 정도면 충분합니다.

변 섭취는 쉽게 바꾸기 어렵습니다. 변을 먹더라도 혼내지 말고 다른 곳으로 불러 앉힌 후 간식으로 보상해 주면서 교정해야 합니다.

그리고 반려견 몰래 서둘러 변을 치워야 합니다. 그러려면 반려견의 배변 시점을 잘 관찰해야 합니다. 만약 고양이 변을 먹는다면 고양이 화장실 앞에 울타리를 설치해서 반려견은 접근하지 못하게 해야 합니다.

변을 섭취하는 증상이 지속되면 정확한 증상 파악을 위해 동물병원에서 관련 검사 및 사료 처방을 받는 것이 좋습니다.

 크레이트 안에만 들어가면 배설을 해요

반려견은 자신의 집 안에서 배변·배뇨하는 것을 본능적으로 싫어합니다. 그래서 일반적으로 크레이트 안에서도 배설하지 않습니다. 그런데 크레이트에서 배변·배뇨를 한다면 특별한 이유가 있는 겁니다. 너무 오래 갇혀 있었다든지, 크레이트에 들어가기 전 배설하지 않아 참을 수 없었다든지, 입양되기 전에 오랜 시간 크레이트 내에서 사육되어 그 안에서 배변·배뇨하는 습관이 들었다든지 등 관찰을 통해 살펴봐야 합니다. 그리고 크레이트가 너무 넓으면 그 안에서 잠을 자는 장소와 배설 장소를 구별하는 경우도 있습니다. 이런 때는 크레이트 구석에 상자 등을 두어 공간을 줄여주는 것도 좋은 방법입니다.

크레이트 훈련을 잘못시키면 오히려 역효과를 낼 수 있습니다. 간혹 반려견이 실수했다고 크레이트에 오랜 시간 가둬두는 보호자가 있는데, 크레이트에 들어가는 시간은 가능한 한 짧아야 합니다. 크레이트 안에서 오랜 시간을 보내는 것은 반려견의 건강 발달에 좋지 않습니다.또한 반려견이 잘못했을 때 벌칙 장소로 크레이트를 사용하는 것도 바람직하지 않습니다.

그렇게 되면 반려견은 크레이트에 들어갈 때마다 불안과 두려움을 느끼게 됩니다.

반려견이 크레이트를 편안하고 안전한 공간으로 인식할 수 있도록, 긍정적인 경험을 만들어주는 것이 중요합니다.

크레이트 트레이닝 응용

● 화장실 트레이닝

크레이트 트레이닝에 성공하면 배변·배뇨를 하는 화장실 예절에도 응용해 볼 수 있습니다. 크레이트에서 반려견이 자고 일어나면 곧장 화장실에 데려가 배변·배뇨를 할 수 있게 해줍니다. 그리고 배변·배뇨를 하면 칭찬해 주고 보상으로 좋아하는 간식이나 장난감, 그리고 스킨십을 해줍니다.

● 집을 오래 비울 때

응석이 많은 반려견을 혼자 두면 어떤 행동을 할지 알 수 없습니다. 짧은 외출이라면 크레이트 안에서 잠시 혼자 지낼 수 있도록 해도 괜찮습니다. 다만 반려견이 '갇혔다'고 느끼지 않도록, 장난감이나 피딩 토이 등 좋아하는 물건을 함께 넣어주면 좋습니다.

외출 전에는 충분히 놀아주거나 산책을 시켜 에너지를 발산하게 하면, 크레이트 안에서도 보다 편안하게 지낼 수 있습니다.

크레이트에서 혼자 지내는 시간은 반려견에게 스트레스를 주지 않는 범위 내에서 짧게 유지하는 것이 좋습니다.

Q. 패드가 아닌 다른 곳에 배변·배뇨를 해요

평소 실수를 잘 하지 않다가 갑자기 패드가 아닌 다른 곳에 배변·배뇨를 하면 당황스럽습니다. 이런 행동의 원인은 크게 세 가지로 나뉩니다.

첫 번째 경우는 반려견이 패드나 화장실 근처에서 배변·배뇨를 하지만 정확히 패드 위에 조준하지 못하는 상황입니다. 이때 보호자가 심하게 화를 내거나 꾸짖으면 반려견은 큰 혼란을 느낍니다. '이상하다, 평소에는 잘했다고 칭찬하고 간식도 줬는데 왜 갑자기 화를 내지?' 하고 어리둥절해하죠. 이런 상황이 반복되면 반려견은 점차 '배변·배뇨 자체가 나쁜 행동이구나' '배변·배뇨를 하면 혼나는구나' 하고 잘못된 인식을 갖게 됩니다.

보호자는 종종 반려견이 고개를 숙이거나 주눅이 든 모습을 보며 '잘못한 줄 알고 있구나'라고 착각합니다. 그래서 "봐, 네가 잘못한 걸 알면서 왜 또 그런 거야?"라며 다시 윽박지르곤 합니다. 이런 일이 반복되면 반려견은 결국 보호자가 보이지 않는 곳에 숨어서 배변·배뇨를 하거나, 혼날까 두려워 참았다가 보호자가 외출한 뒤에 몰래 하기도 합니다. 심한 경우에는 혼날까 봐 겁이 나서 배설물을 숨기려 먹어버리는 행동까지 보입니다. 따라서 배변·배뇨를 잘못했다고 혼을 내거나 야단치거나, 더 나아가 때리는 일은 절대 해서는 안 됩니다.

반려견에게 패드와 화장실은 시원하게 배변·배뇨를 한 후 칭찬받고 간식을 먹을 수 있는 기분 좋은 장소가 되어야 합니다.

두 번째는 방광이나 요도 등 비뇨기 질환이 원인일 가능성입니다. 평소에는 시원하게 배변·배뇨를 하던 반려견이, 방광이나 요도에 문제가 생겨 배뇨 시 통증을 느끼면 혼란을 겪게 됩니다. 그 고통의 원인을 '화장실 때문'이라고 잘못 연관 지어, '저 화장실은 나를 아프게 하는 곳이구나' 하고 인식해 버립니다. 이렇게 되면 반려견은 그 이후부터 화장실을 피하고, 엉뚱한 곳에서 배변·배뇨를 하게 됩니다. 이런 증상이 의심된다면 즉시 동물병원을 방문해 비뇨기 질환 검사를 받아보는 것이 좋습니다.

세 번째는 배뇨 중에 패드가 움직이거나, 발가락이 배변판에 끼어 아프거나 놀랐을 때입니다. 시중에는 패드를 고정하는 판이나 패드를 끼워 넣는 다양한 형태의 화장실이 있습니다. 이런 형태는 발에 배설물이 묻지 않고 패드를 물어뜯지 않게 해줘서 편리하지만, 간혹 발가락이나 발톱이 끼이거나 발목을 삐끗하는 일이 생기면 반려견은 화장실을 '아프고 무서운 곳'으로 인식하게 됩니다. 그 결과 화장실 근처를 맴돌다 참지 못해 다른 곳에 배변·배뇨를 하게 됩니다. 이런 경우에는 사용 중인 배변판을 바꿔주는 것이 좋습니다.

되도록 푹신한 촉감의 실리콘이나 고무 재질로 만든 배변판을 사용하면, 반려견이 편안하게 사용할 수 있습니다.

반려견은 본능적으로 화장실과 잠자리를 구분할 수 있습니다. 하지만 어릴 때부터 패드가 깔린 잠자리에서 자라거나, 패드만 있는 공간에서 생활한 경우에는 그 구분이 어렵습니다.

보통 생후 4~5주가 지나면 잠자리와 화장실을 나누려는 습성이 생기기 시작합니다. 이 시기부터 어미 개가 핥아주며 처리하던 배

변·배뇨를 스스로 하게 되고, 점차 자신의 집에서 조금 떨어진 공간에서 배변·배뇨하려는 본능이 자리 잡습니다.

배변 패드 위에서 먹거나 자는 행동은 화장실을 가리지 못해서라기보다, 패드에 대한 두려움이나 불쾌한 감정이 없기 때문입니다. 따라서 크게 나쁜 상황은 아니지만, 배뇨한 패드 위에서 몸을 구르거나 잠을 잔다면 다소 불쾌할 수 있습니다. 이런 경우에는 우선 패드를 끼울 수 있는 망이나 판을 사용해 보세요.

패드를 고정해두면 반려견이 물어뜯거나 흩트리는 행동을 줄일 수 있습니다. 그리고 잠자리와 화장실을 약간 떨어진 위치에 배치하여 '자는 곳'과 '배변하는 곳'을 스스로 구분하도록 도와줍니다.

또한 패드를 장난감처럼 여기는 경우에는, 피딩 토이를 활용해 더 흥미로운 놀이를 제시해 줍니다. 그러면 반려견은 피딩 토이에서 나오는 간식에 집중하게 되어 자연스럽게 패드에 대한 흥미가 줄어듭니다.

Q. 산책이 처음입니다, 어떻게 시켜줘야 할까요?

반려견은 산책을 위한 리드 줄만 들고 나와도 신나서 껑충껑충 뜁니다. 보호자보다 앞서 현관에 먼저 나가 있기도 합니다. 이렇게 나가기도 전에 흥분하는 반려견은 집에서부터 "앉아!" "엎드려!" "기다려!"라는 훈련을 통해 진정시킨 후 산책에 나섭니다. 계속 흥분 상태라면 가라앉을 때까지 반복해 줘야 합니다.

리드 줄은 되도록 가슴 줄보다는 목줄이나 젠틀 리더로 먼저 시작하는 것이 좋습니다. 그리고 줄을 길게 늘여서 반려견이 마음껏 뛰어나가게 하기보다는, 어느 정도 일정한 거리를 유지하면서 산책 연습을 시작해야 합니다.

산책할 때 반려견이 코를 킁킁거리며 바닥, 잔디밭, 나무 밑 등을 쏘다니는 것은 단순히 호기심을 넘어 냄새를 즐기는 행동입니다. 그러므로 한적한 곳에서는 줄의 길이를 조금 늘여 즐기도록 하는 것이 좋습니다.

　　반려견과 함께 산책할 때는 서두르지 않고, 충분히 준비한 다음 진행해야 부상의 위험을 예방할 수 있습니다. 많은 장소를 경험할 수 있도록 하되 차도와 같이 위험한 곳은 피해야 합니다.

　　산책 시간은 품종마다 조금씩 다릅니다. 일반적인 소형견들은 건강 상태나 관절 상태에 따라 30분에서 1시간 정도로 하루에 1~2회 산책하는 게 적당합니다. 하지만 사역견使役犬, working dog(군견, 목양견, 경찰견, 사냥견 등)으로 개량된 중·대형견들은 소형견보다 시간과 횟수를 늘려서 스트레스를 해소해줘야 합니다.

만약 반려견이 흥분해서 썰매를 끌듯이 당기며 나가게 된다면 그 것은 산책이 아니라는 점을 분명히 알아야 합니다. 산책할 때 가장 이상적인 보폭과 자세는 반려견에게 채워주는 목줄이나 가슴 줄이 알파벳 J자 모양으로 느슨하게 처져 있어야 합니다. 그리고 보호자 와 함께 걸어가면서 새로운 냄새, 소리, 볼거리 등으로 즐거움을 교 감할 수 있어야 합니다.

그런데 대부분 보호자는 반려견에게 끌려다닙니다. 또한 자동 줄 을 사용해 원하는 대로 마음껏 돌아다니게 합니다. 이런 행동은 반 려견에게 자유와 즐거움을 주기보다는 흥분만 유도하는 좋지 않은 산책이라는 걸 명심해야 합니다.

산책 시에는 가슴 줄보다는 목줄이나 젠틀 리더가 좋습니다. 그 런데 많은 보호자가 목줄이나 젠틀 리더를 한 반려견이 흥분해서 앞 으로 먼저 가려다 목줄이 조여 캑캑거리는 걸 보며 안타까워합니다. 이때 분명히 알아야 할 점은 산책법이 잘못되었음을 깨닫고, 올바른 산책법을 따라야 한다는 것입니다. 그래야 보호자나 반려견 모두에 게 즐거운 산책이 될 수 있습니다.

산책하면서 반려견이 앞으로 빨리 가지 못하게 목줄을 잡아당기는 경우도 종종 볼 수 있습니다. 이것은 가장 좋지 않은 산책법입니다. 반려견이 앞으로 나가려고 하면 그 자리에 서서 줄을 가만히 허리춤에 잡은 후 반려견과 눈을 마주치지 말고 다른 곳에 시선을 줍니다. 그런 행동이 반복되면 반려견은 앞으로 나가지 않고 보호자 쪽으로 와서 멈춥니다. 이때 반려견도 서서히 산책을 어떻게 해야 하는지 깨닫게 됩니다. 이런 방법을 쓰면 반려견의 목줄을 잡아당길 일도, 소리 지를 일도, 이름을 크게 부를 일도 없습니다. 목줄이나 젠틀 리더로 올바른 산책을 배운 후에 가슴 줄을 사용하는 것이 좋습니다.

안타깝게도 대부분 반려견이 산책할 때 흥분으로 시작해 흥분으로 끝나기 일쑤입니다. 그 이유는 보호자가 반려견을 의인화하여 배려하려는 데 있습니다. 항상 반려견과 정해놓은 규칙을 지켜야 즐거운 산책을 할 수 있습니다.

산책을 좋아하지 않는 반려견이라면 산책이 즐거운 기억으로 남을 수 있도록 산책 전후에 좋아하는 간식을 줍니다. 그리고 집 밖은 돌발상황이 생길 수 있는 요소가 많으므로 산책 시에는 반려견에게 집중해야 합니다. 갑자기 튀어나오는 자동차나 다른 반려견으로 인해 사고가 발생할 수 있으므로 조심해야 합니다.

　나란히 산책하면 보호자와 반려견 사이에 교감이 이뤄집니다. 처음엔 반려견과 마주 보고 걸으며 반려견이 잘 따라오면 음식으로 보상을 합니다. 이것을 반복하며 나란히 걸어봅니다. 이때 반려견은 보호자의 왼쪽에 위치하는 것이 좋습니다. 중간중간 흥분하면 “앉아!” “엎드려!”라고 말하며 흥분을 가라앉힌 후 다시 산책을 시작합니다. 흥분한 상태로 있으면 언제 어디서 돌발적인 행동을 할지 모르기 때문입니다.

　바쁘다는 핑계로 반려견의 산책을 미루면 마음의 병으로 이어질 수 있습니다. 산책은 반려견을 키우는 보호자의 의무이자 반려견에게 줄 수 있는 가장 큰 선물 중 하나입니다.

Q. 반려견에게 산책이 왜 좋을까요?

"우리 감자는 산책을 참 좋아해요. 매일 나가자고 난리예요."
"정말 좋겠네. 우리 귀동이는 통 나가는 걸 싫어해서 걱정이에요."

한 동네에서 이웃사촌으로 사는 두 분이 반려견을 안고 찾아왔습니다. '감자'는 비숑 프리제이고, '귀동이'는 시바견입니다. 두 사람은 가족처럼 지내는 사이이며 똑같이 반려견을 키우는 입장이라, 자주 정보를 주고받고 병원에 함께 찾아올 때도 많습니다. 그런데 한 아이는 산책을 좋아하고, 한 아이는 산책을 싫어합니다. 산책은 반려견에게 어떤 역할을 할까요?

산책은 반려견의 종과 관계없이 유익하다는 게 모든 수의사의 견해입니다. 특히 반려견에게 산책은 여러 가지 장점이 있습니다.

첫 번째, 건강에 좋습니다. 비만으로 고민인 반려견은 운동 부족이 원인일 때가 많습니다. 사람이든 동물이든 적당한 운동은 건강 유지를 위한 필수조건입니다.

두 번째, 반려견의 넘치는 에너지를 발산하는 데 좋습니다. 산책을 통해 에너지를 쓰면 집에서 말썽을 피우는 행동이 줄어듭니다. 넘치는 에너지를 주체하지 못해 집안 여기저기를 쑥대밭으로 만드는 경우가 많으니까요. 물론 문제행동이 습관이 되어버렸다면 별도의 교정 치료나 심할 경우 약물치료가 필요할 수 있습니다. 이런 치료도 산책을 병행하면 더 효과적입니다.

세 번째, 반려견의 기분을 매우 행복하게 바꿔줍니다. 사람들처럼 반려견도 일상생활에서 스트레스를 많이 받습니다. 사람은 다양한 취미활동과 여가 생활로 스트레스를 해소할 수 있지만, 반려견은 보호자가 도와주지 않으면 스트레스를 해소하지 못합니다. 산책은 단순히 운동을 뛰어넘어 우울한 감정을 행복한 감정으로 바꾸는 데 매우 큰 역할을 합니다. 산책하러 나가 보면 반려견이 얼마나 좋아하는지 알 수 있습니다.

네 번째, 산책은 강아지부터 성견까지 사회성을 키울 수 있는 아주 좋은 방법입니다. 사회화 과정은 반려견이 사람과 더불어 문제없이 원만하고 행복하게 살아가기 위한 필수 교육 단계입니다. 산책을 소홀히 하면 반려견에게 다양한 문제행동이 생기고, 보호자와 반려견 모두 스트레스를 받아 행복할 수 없습니다.

우리를 둘러싼 환경에는 참으로 다양한 자극과 소리, 볼거리, 냄새 등이 있습니다. 성인, 아이, 노인, 다른 반려견, 그리고 자전거, 오토바이, 자동차와 같은 외부 자극원에 자연스럽게 노출해 그 소리, 냄새, 외관에 익숙하게 만들어줘야 합니다. 이러한 경험이 반려견에게 긍정적으로 인식될 수 있도록 보호자가 각별히 신경 써야 제대로 사회화를 할 수 있습니다.

마지막으로 보호자와의 유대감을 늘려줍니다. 개는 보호자와의 교감을 즐기는 동물입니다. 산책을 통해 보호자와 교감을 늘리면 반려견과 보호자 모두의 행복에 크게 기여할 수 있습니다.

. **산책에 정해진 시간이 있나요?**

반려견에게 가장 큰 즐거움은 바로 산책입니다. 산책을 통해 먹은 음식을 소화하고, 넘치는 에너지를 발산하며, 새로운 냄새와 소리, 사물을 접합니다. 또 익숙한 환경과 자극에 반복적으로 노출되면서 사회화 과정을 자연스럽게 경험하게 됩니다.

산책은 단순히 밖으로 나가는 행위가 아니라, 다양한 경험을 통해 배우고 느끼는 활동입니다. 그러나 밖으로 나가는 것 자체에만 흥분해 있다면, 그것은 좋은 산책이라고 할 수 없습니다. 반려견이 즐거워서 산책을 이어가려는 것인지, 흥분해서 멈추지 못하는 것인지 구분해야 합니다. 만약 흥분한 상태라면, 충분히 진정시킨 뒤 산책을 시작해야 합니다.

"앉아!" "기다려!"를 반복시켜 흥분을 가라앉힙니다. 이완이 되면 "엎드려!"라고 명령해서 완전히 진정시킵니다. 이후 산책에 필요한 준비물을 챙기고 신발을 신을 때까지 그 상태를 유지하게 합니다. 문밖을 나서 이동할 때도 반려견이 흥분해 앞서서 가려고 하면 "앉아!" "기다려!" "엎드려!"를 반복하여 진정시킵니다. 흥분한 상태로 산책하러 나갔다가는 자칫 보호자와 이웃에게 달려들 수도 있습니다.

산책은 보통 30분에서 1시간 정도 반려견에게 묶은 가슴 줄, 목 줄 등이 팽팽하지 않게 알파벳 J자나 U자 모양으로 유지하면서 천천히 걷다가 빠르게 걷기를 반복하는 것이 좋습니다. 또한 되도록 같은 시간대에 산책하는 것이 좋습니다. 가능하다면 하루 1~3회 정도 산책할 것을 권장합니다.

산책할 때 준비물

산책 도중 배변을 처리할 수 있는 용품이 필요합니다. 산책이 길어질 수 있으므로 꼭 여분의 물을 휴대해서 체온 상승과 갈증을 풀어줍니다.

모든 반려견이 산책을 즐기는 건 아닙니다. 그렇다고 특별히 산책을 더 좋아하거나 싫어하는 품종은 없습니다. 단지, 생후 3~4개월부터 사회화 과정이 얼마나 잘 되어 있는지에 따라 산책은 매우 즐겁고 큰 선물이 되기도 하지만, 때로는 세상에서 가장 싫고 무섭고 두려운 행위가 될 수도 있습니다.

그렇다면 산책을 싫어하는 반려견은 산책을 하지 않아도 될까요? 개인적인 의견을 드린다면 그래도 산책을 하도록 유도하는 것이 좋습니다.

반려견이 산책을 즐기지 않을 때는 억지로 끌고 나가기보다는 좋아할 수 있도록 교육하는 게 우선입니다. 특히 생후 2개월 정도의 어린 반려견이라면, 무작정 목줄이나 가슴 줄부터 차고 밖으로 나가는 것 자체가 큰 두려움과 공포가 될 수 있습니다. 그래서 예방접종을 하는 반려견 시기부터는 하루에 1~2회 정도 현관문, 복도, 엘리베이터, 계단 등을 시작으로 가까운 곳을 자주 나가도록 합니다. 그리고 평소 좋아하는 간식과 사료를 먹이면서 새로운 세상을 처음 맞이하는 긴장을 풀어주는 연습도 해줘야 합니다. 새로운 냄새, 볼거리, 소리 등을 천천히 경험할 수 있도록 도와주는 것입니다.

반려견이 현관 밖으로 나가는 것에 적응해 가면, 그다음에는 집 앞, 도로, 공원 등으로 천천히 순차적인 도전을 시킵니다.

산책을 힘들어할 때는 이런 식으로 단계별로 공간을 확장해 가는 게 좋습니다. 천천히 잘 준비된 산책은 반려견에게 간식보다 즐거운 선물이 됩니다.

Q. 산책하러 나가면 줄이 끊어질 정도로 달려요

온종일 집 안에 있던 반려견에게 산책은 최고의 선물입니다. 반려견에게 산책이 중요하다는 사실이 강조되면서 우리는 주변에서 반려견과 보호자가 산책하는 모습을 자주 볼 수 있습니다. 반려견은 밖으로 나가 바깥 공기만 쐬는 게 아니라 다른 반려견의 냄새나 흔적을 찾고, 자신의 배설물로 체취를 남기기도 합니다. 또한 하루에 써야 할 에너지를 적절히 쓰고 옵니다.

그런데 산책하러 나가면 앞뒤 안 가리고 달리려고만 하는 반려견이 있습니다. 하루종일 집에 있다 나오니 신이 나서 흥분하기 때문이죠. 산책할 때 가장 기본적인 교육 원칙은 반려견과 보호자가 나란히 걷다가 반려견이 앞으로 나가거나 다른 곳으로 이동하면 보호자가 그 자리에 멈추는 것입니다. 그렇게 되면 줄이 팽팽히 당겨져 반려견도 어느 정도 힘을 쓰다가 다시 돌아오게 됩니다. 그러면 "앉아!"라고 말한 후 실행했을 때 간식으로 보상하기를 반복하며 흥분을 가라앉힙니다. 보호자 옆에서 걷는 것이 혼자 앞장서서 걷는 것보다 즐겁다는 사실을 계속 학습시키는 것이 중요합니다.

시간이 허락한다면 하루 5~15분 정도 실내에서 교육해 보세요. 둘이 나란히 걸어야 대화도 가능하고 교감도 생깁니다. 산책은 반려견과 보호자가 편안히 소통하는 시간입니다. 반려견이 즐겁고 행복하게 생활하려면 사람과의 소통에 익숙해져야 합니다. 보호자가 보상을 통해 하나씩 가르친다면 반려견이 때론 가족, 때론 친구가 되어줄 것입니다.

여러 가지 목줄

벨트처럼 구멍이 나 있는 플랫 타입과 말의 고삐처럼 생긴 헤드 칼라가 있습니다.

헤드 칼라는 입을 살짝 잡아주고 리드 줄을 연결하는 고리가 턱 밑에 있어서 흥분을 자제시킵니다. 당기면 조여지고 당기지 않으면 조임이 해제되는 슬립 타입도 있습니다. 설정해 놓은 길이까지만 조여지는 제한적인 기능을 가진 리미티드 슬립 타입이나 목줄에 돌기가 나 있어 사나운 개들을 교정할 때 사용하는 프롱 타입의 목줄도 있습니다.

반려견이 목줄과 리드 줄을 싫어하거나 두려워하여 산책을 거부하는 경우가 종종 있습니다. 대부분 반려견은 불쾌하고 싫은 기억이 심어지지 않은 이상 비교적 짧은 시간에 목줄과 리드 줄에 적응합니다. 그러나 리드 줄을 강하게 당기는 등 불쾌한 경험을 하면, 반려견은 리드 줄을 채웠을 때 움직이려 하지 않을 수 있습니다. 따라서 리드 줄을 잡을 때는 절대 강하게 당기지 않도록 주의해야 합니다.

목줄에 익숙해지게 하려면 평소 집 안에서도 목줄을 착용한 채 생활하며 연습하는 것이 도움이 됩니다. 이때 목줄이 너무 크면 산책 중에 빠지거나 입으로 물어뜯을 수 있으므로, 반려견의 크기에 맞는 적절한 목줄을 사용하는 것이 중요합니다.

우선 목줄이나 리드 줄은 반려견에게 있어 매우 부자연스러운 것임을 이해하고 천천히 익숙해지도록 해주세요. 성견에게는 당연한 산책 습관도 어린 반려견에게는 모든 것이 처음 겪는 일이라 기분 좋게 산책하는 데에도 상당한 시간이 걸리게 됩니다. 가령 목줄이나 리드 줄을 연결한 채로 걷는 것도 처음에는 많은 거부감이 들 수 있습니다.

대부분 보호자는 반려견이 처음부터 산책을 좋아한다고 생각합니다. 그러나 자전거나 자동차도 처음 탈 때는 충분한 연습이 필요하듯이 반려견의 산책에도 연습이 필요하다는 것을 명심해야 합니다.

산책할 때 반려견이 낯선 곳에서 불안감을 느끼면 움직이려 하지 않는 경우가 종종 있습니다. 특히 겁이 많은 반려견은 산책 중에도 몇 번이든 멈춰서 좀처럼 움직이지 않습니다. 이때는 조용한 장소를 택해 걷게 하거나 좋아하는 간식이나 장난감으로 즐거움을 주어 산책 자체가 행복한 일이라는 점을 알게 하는 것이 포인트입니다.

여러 가지 리드 줄

리드 줄은 면, 나일론, 가죽, 철 등 다양한 재질로 만들어집니다. 길이도 1m, 3m, 5m, 10m 등 다양합니다. 리드 줄이 길수록 반려견의 행동반경이 넓어지는 만큼 통제하기가 어려워집니다.

산책하기 전에 반려견의 상태부터 확인해 보세요. 평소 얌전한데 산책만 시작하려면 흥분하는 반려견인지 아니면 산책을 싫어하는 반려견인지 파악해야 합니다. 또는 산책을 시작할 때부터 예민해지고 흥분하는지, 아니면 산책을 잘 하다가 갑자기 다른 반려견을 발견하면 짖는 것인지 관찰이 필요합니다.

반려견이 짖는 이유는 몇 가지로 구분할 수 있습니다.

첫째, "난 네가 싫어, 저리 가!"라는 의미입니다. 반려견끼리도 서로 감정이 있습니다. 대부분의 반려견은 산책하다가 싫어하는 반려견이 있으면 시선을 피하거나 눈치를 보면서 가려던 방향을 바꾸며 회피합니다. 하지만 때론 짖어서 멀리 보내려는 경우도 있습니다.

둘째, "난 네가 무서워!"라는 의미일 수 있습니다. 어렸을 때 사회화 시기를 놓친 반려견일 경우 짖으며 덤벼드는 행동을 보입니다.

셋째, "나랑 놀자, 우리 서로 사이좋게 지내자!"라는 의미일 수 있습니다. 다른 반려견과 같이 놀고 싶어서 짖을 수 있습니다.

반려견과 산책하는 보호자가 다른 반려견을 보고 예쁘다고 소란스럽게 인사를 하면 내 반려견도 덩달아 흥분합니다. 이때는 보호자가 다른 반려견 옆을 조용히 지나치는 모습을 보여줘야 합니다. 그러면 자신의 반려견도 보호자를 따라 행동합니다.

멀리서 다른 반려견을 발견하고 물거나 짖으려고 하면 반려견 이름을 부르면서 평소 좋아하는 간식을 줍니다. 만약 상대 반려견이 내 반려견을 보고 먼저 짖으면 일정한 거리를 두고 조용히 스쳐 지나가게 목줄로 유도합니다. 보호자가 상대 반려견을 향해 등을 지고 앉아서 내 반려견이 보지 못하게 하는 방법도 있습니다. 만약 "앉아!" "엎드려!"를 숙지한 상태라면 이를 통해 흥분을 가라앉혀 호흡수와 심박수를 안정시킵니다.

다른 반려견과 마주칠 때는 반드시 반려견이 보호자에게 관심을 기울이도록 해야 합니다. 반려견이 다른 반려견의 존재를 알아채기 전에 시선과 관심을 끌어서 산책하는 반대 방향으로 가는 방법도 있습니다. '우리 반려견은 평소에 예절 교육이 잘 되어 있어'라고 방심했다가 산책할 때 반려견끼리 싸움이 나 자칫 사고로 이어지는 경우가 많습니다. 웬만하면 반려견끼리 서로 부딪치지 않게 피해가거나 조심스레 인사할 수 있도록 보호자가 유도하는 것이 좋습니다. 다른 반려견이 지나가고 나면 간식을 주며 칭찬하는 것도 잊지 마세요.

반려견이 산책을 나가도 전혀 걷지 않는 이유는 겁이 많기 때문일 겁니다. 사실 세상을 처음 만나는 반려견에게 빠른 속도로 지나가는 자동차는 괴물처럼 보입니다. 그러니 산책을 나가기 전부터 충분한 시간을 갖고 바깥 세상에 조금씩 익숙해질 필요가 있습니다.

우선은 반려견이 안심할 수 있게 조용한 장소까지 안고 가서 그곳에서 긴장이 사라지고 흥분이 없어질 때까지 기다립니다. 평소 좋아하는 장난감으로 놀아주거나 간식을 주어 외출 시간 동안 매우 즐겁고 재미난 경험을 할 수 있게 합니다.

다양한 소리에 적응시키기 위해서는 자동차나 오토바이 소리 같은 외부의 소리를 집에서 녹음기 등을 통해 들려주는 것도 좋은 방법입니다. 디지털 녹음기보다는 아날로그 녹음기에 녹음하는 것이 반려견의 음파에 더 가깝다고 합니다. 녹음된 소리만으로도 무서워한다면 처음에는 무서워하지 않을 정도의 작은 소리로 시작합니다. 그리고 식사 시간이나 놀이 시간에도 들려주어 무서워하던 소리와 즐거운 일을 연관지을 수 있게 합니다.

집 주변을 걷는 것도 중요한 훈련이므로, 현관 안에서부터 문 앞,

계단, 엘리베이터 등 조금씩 짧은 거리로 연습을 시작합니다.

산책을 무서워하는 반려견은 나갈 때는 걷지 않더라도, 돌아오는 길에는 걷는 경우가 많습니다. 이런 경우에는 반려견을 안고 집 주변을 산책하며 외부 자극에 천천히 익숙해지도록 도와줍니다. 집 근처에 도착하면 품에서 내려 스스로 걸어 집으로 돌아오게 하고, 익숙해질수록 그 거리를 조금씩 늘려갑니다. 겁이 많은 반려견이라면 조용한 장소까지 안아서 이동한 뒤, 평소 좋아하는 간식이나 장난감으로 함께 즐겁게 놀아주어야 합니다. 이렇게 외출이 즐겁다는 경험을 반복적으로 학습시키는 것이 가장 중요합니다.

Q. 산책할 때 다른 사람에게 달려들어요

두려움과 공포로 인해 공격적 성향을 드러내는 현상입니다. 소리에 민감하거나 선천적으로 겁이 많을 수도 있습니다. 공포와 공격성은 두려움이 많은 반려견이 사람과 다른 동물에게 지속적으로 나타내는 특징입니다.

반려견은 두려우면 움츠리고, 소극적으로 시선을 회피하거나 계속해서 도망치려고 합니다. 그래서 자율신경계의 교감신경과 관련된 심박수 증가, 호흡수 증가, 떨기, 침 흘림, 산동(정상 범위의 크기를 넘어선 동공 확장), 식욕 부진, 소변 지림, 설사 또는 연변, 항문낭액 배출 등을 보일 수 있습니다. 반려견은 자신이 피할 수 없는 상황이 되면 몸을 낮추거나 움츠려서 으르렁대며 짖는 소리로 경고하다가 결국에는 흥분을 가라앉히지 못해 공격성을 보이며 물게 됩니다. 그렇게 해서 공격 대상이 멀리 사라지면 반려견은 스스로 해냈다는 생각을 갖게 되면서 이런 행동은 더욱 강화됩니다. 때때로 공격 대상이 멀어져도 계속 쫓아가 물 수도 있습니다. 이러한 상황은 반려견이 심각하게 흥분되어 있는 것이므로 각별히 조심해야 합니다.

공격성에서 흔히 나타나는 징후는 잇몸 드러내기, 물기, 노려보기, 짖기, 으르렁대기 등입니다. 그중 공포 공격성에서는 경고를 의미하는 짖는 행위가 심하게 나타납니다. 시각이나 청각이 소실되어도 두려움을 느끼고 공격적인 모습을 보일 수 있습니다.

반려견이 공격성을 드러내지 않게 하려면 퍼피 스쿨(반려견 유치원)이나 펫 카페 등에서 재사회화를 경험하게 해주는 것이 좋습니다. 사회화 시기가 지나 다시 교육받는다는 의미에서 이를 '재사회화'라 하는데, 다른 반려견과 잘 지내기 위함입니다.

산책 시 공격성을 보일 경우에는 다른 반려견이나 사람들과 조금 떨어진 곳에서 산책합니다. 차를 타야 한다든지 이동할 때는 크레이트를 이용하는 것이 좋습니다. 만약 반려견이 다른 반려견과 싸움이 붙었을 때는 함부로 떼어놓으려다 사고가 날 수 있으니 조심해야 합니다. 싸움을 말릴 때는 물릴 위험이 있으므로 절대로 반려견의 몸을 잡지 말고 주위에 있는 박스나 큰소리가 나는 물건, 분무기, 물호스 등을 이용합니다.

공격성을 누그러뜨리는 데는 중성화 수술이 도움이 됩니다. 발정기가 되면 많은 호르몬이 분비되어 반려견을 더 예민하게 하고, 발정 난 암컷 주위로 수컷들이 모여들기 때문에 싸움이 일어나기 쉽습니다. 이 밖에 질병에 따른 통증 때문에 두려움과 공포가 생겨 다른 반려견이나 사람을 공격할 수도 있습니다. 두려움은 유전적 요인이 있을 수 있는데 생후 5주쯤 확인할 수 있습니다.

학대받았거나 물리적으로 강압적인 체벌을 많이 받은 반려견은 공포 공격성이 더 증가합니다. 특히 공격하지 못하도록 제압당한 상태로 울타리에 가두거나, 움직이지 못하는 구석에서 혼내거나, 입마개를 한 채 괴롭힘을 당하면 공격성은 더 커질 수 있습니다. 어떤 경우라도 체벌은 절대로 사용해서는 안 됩니다.

공포 공격성 증상을 보이는 반려견이라면 반드시 동물병원에서 진단을 받아야 합니다. 그리고 약물 처방을 병행하면 치료에 효과가 좋습니다.

반려견의 행동 교정은 두려움과 공포를 일으키는 상황에서 벗어날 수 있게 조용하고 안전한 상황을 만들어주는 것입니다. 반려견은 아이들이나 다른 반려견이 접근할 때, 또는 특정 소리가 날 때 흥분하여 공격성을 보인다는 점을 반드시 기억해야 합니다.

반려견이 쉬고 있을 때는 방해하지 않아야 하며 때로는 헤드 칼라를 사용하는 등 공격적인 반응을 할지도 모를 모든 상황에 대비해야 합니다. 잠재적으로 위험할 수 있다고 생각되면 주변 사람에게 미리 알려 불미스러운 상황을 사전에 예방하고, 반려견 주변에서 갑작스러운 움직임이나 큰소리가 나지 않도록 해야 합니다.

가장 중요한 것은 다른 반려견이나 사람들에게 접근할 때 언제든 심호흡, 이완 등을 할 수 있도록 철저하게 교육시키고 반복해 주는 것입니다.

반려견의 목걸이에 방울을 달아서 움직임을 파악하고, 대문에도 반려견을 키운다는 표시를 붙여 방문객이나 반려견 모두가 놀라는 일이 없도록 해야 합니다.

배고플 때만 공격적이라면

유독 배가 고플 때 공격성을 보이는 경우가 있습니다. 굶주린 경험이 있어서 그럴 수 있는데, 그릇에 건식 사료를 넉넉히 주어 마음대로 먹게 합니다. 식이섬유나 지방(오메가 지방산)이 풍부한 사료를 주어 포만감이 오래가도록 하는 것도 좋습니다.

반려견이 마킹 행동을 하는 것은 잘못이 아닙니다. 그런 행동을 할 때 혼을 내거나 꾸짖으면 오히려 역효과만 일으킵니다.

반려견이 마킹 행동을 하면 보호자는 배뇨 자국, 배뇨 처리, 냄새 등으로 스트레스를 받습니다. 이럴 때는 매번 따라다니면서 치우고 닦을 수 없으니 '매너 밴드'라고 불리는 마킹 방지 기저귀를 채우면 스트레스를 줄일 수 있습니다.

클리커 트레이닝clicker training(딸깍 소리를 내는 클리커를 이용하여 행동을 교정하는 방법)을 통해 행동을 교정합니다. 마킹 행동을 할 때마다 클리커를 이용해 딸깍 소리를 냅니다. 그러면 반려견은 딸깍 소리에 귀를 쫑긋 세우며 행동을 멈춥니다. 이때 보호자는 반려견과 시선을 마주치지 않습니다. 시선을 마주치면 보호자에게 혼이 난다고 생각해 숨거나 소변을 지릴 수 있습니다. 이렇게 클리커 트레이닝을 하면 마킹 행동을 부정적 의미로 받아들여 행동을 고칠 수 있습니다. 다른 문제행동에도 클리커를 응용할 수 있습니다.

🦴 나는 '이렇게' 말하고 싶었어요

Q. 초인종 소리가 날 때마다 심하게 짖어요

세상에는 수많은 품종의 반려견이 있는데 그중 유독 심하게 짖는 품종이 있습니다. 이런 반려견은 집을 지키는 용으로 개량되어 훈련받은 결과입니다. 하지만 공동주택에서 산다면 반려견의 짖는 행위가 곤란할 수 있습니다. 그렇다고 "짖지 마!"라며 화를 내면 안 됩니다. 강압적인 방법을 동원한다고 짖는 행동이 멈추지는 않습니다.

반려견이 짖는 이유에는 여러 가지가 있습니다. 낯선 사람이 나타나서, 배가 고파서, 무서워서, 배변·배뇨를 하고 싶어서, 산책하러 나가고 싶어서, 같이 놀고 싶어서, 밖에서 무슨 소리가 나서 보호자에게 알려주려는 등 아주 많습니다. 이렇듯 욕구가 있어서 짖을 때는 목적을 이루고 나면 자연스럽게 짖기를 멈춥니다.

반려견이 오랫동안 무엇인가를 보면서 짖는 것은 보통 불안과 공포를 느낄 때입니다. 태어나서 부모·형제와 사회화 과정을 겪은 뒤 혼자 남겨진 경우 공포와 불안감으로 오래 짖는 경우가 있습니다.

이유 없이 짖지는 않기 때문에 반려견이 짖을 때는 원인을 찾아봐야 합니다. CCTV를 설치해 혼자 있을 때 반려견이 어떤 상태인지 관찰하는 것도 좋은 방법입니다.

일반적으로 반려견이 짖는 이유는 낯선 환경과 어떠한 소리에 대한 경계의 의미에서입니다. 택배 기사처럼 낯선 사람이 집 주위를 지나가기만 해도 짖어대는 이유입니다. 또한 산책이 부족하거나 스트레스로 예민해져도 심하게 짖습니다.

반려견에게 짖는 것은 놀이이기도 합니다. 반려견이 낯선 외부인에게 반응하여 짖어대고, 그 결과 자신이 짖으면 소리도, 사람도 사라지는 것을 경험한 후 거기에서 재미를 느끼기도 합니다. 하루 종일 집에서 즐기는 혼자만의 놀이가 되는 것이죠. 여기에 재미를 느낀 반려견은 옆집에서 초인종 소리가 나거나 심지어 전화벨 소리만 나도 짖습니다.

이런 경우 어떻게 해야 할까요? 이보다 더 재미있는 놀이가 있다는 것을 알려줘야 합니다. 우선 규칙적인 식습관과 무분별한 간식을 주지 않는 연습을 먼저 합니다. 반려견의 집을 현관문에서 멀리 떨어진 사각지대로 옮깁니다. 초인종이 울렸을 때 바로 문을 열지 않고 평소 좋아하는 장난감이나 좋아하는 간식이 들어있는 피딩 토이를 던져준 후 문을 엽니다. 그러면 처음에는 소리와 사람에 반응을 하지만 초인종이 울릴 때마다 간식과 장난감이 주어진다는 것을 알고 문 쪽이 아닌 자기 집으로 발길을 돌립니다. 그리고 "앉아!" "기다려!" "엎드려!"의 예절 교육까지 해준다면 짖거나 흥분한 마음을 쉽게 가라앉힐 수 있습니다.

 **소방차나 응급차가 지나가면 갑자기
"워우~!" 하며 울부짖어요**

"워우~!" 하고 울부짖는 것을 '하울링'이라고 합니다. 절벽 위에 선 늑대가 달을 향해 울부짖는 모습이 떠오를 겁니다.

반려견이 하울링을 하는 이유는 늑대가 조상인 만큼 사냥을 위해 무리를 한곳에 모으거나, 여기는 내 구역이라고 주장하기 위해 하울링 하던 습관이 남아 있기 때문입니다.

최근 연구 결과에 따르면 응급차와 소방차가 내는 소리의 주파수가 반려견이 하울링을 하는 주파수와 비슷하다고 합니다. 보호자가 듣는 소리는 전혀 다르지만 반려견에게는 동일 주파수로 인지되어 저 멀리 다른 반려견의 소리로 착각해 울부짖을 수도 있습니다.

물론 분리 불안 같은 행동 질환을 앓는 경우나 혼자 있는 것에 대한 두려움과 공포로 인해 하울링을 하는 경우도 있습니다. 분리 불안은 동물병원에서 확실한 진단을 받고 약물치료를 꼭 병행해서 행동 교정을 해야 합니다. 물론 약물 처방을 받기 전에 분리 불안에 도움이 되는 장난감과 기능성 의류를 입히는 것도 많은 도움이 됩니다. 하울링의 이유를 알아보기 위해 CCTV나 핸드폰 카메라를 이용하여 관찰하는 것도 좋습니다.

. 다른 사람과 전화로 대화할 때마다
저를 보면서 엄청 짖어요

질투심 때문일 수 있습니다. 보호자가 전화로 다른 사람과 대화할 때 자신에게는 관심을 보이지 않으니 시기를 하는 겁니다. 보호자가 통화할 때는 반려견이 가만히 앉아서 기다리게 하는 연습을 해야 합니다. 하지만 그전에 반려견이 관심을 받기 위해 그러는 것인지, 아니면 전화벨 소리에 민감하게 반응하는 것인지를 구분할 필요가 있습니다.

전화벨 소리가 났을 때 짖는다면 우선 전화벨 소리를 진동으로 바꿔보세요. 만약 핸드폰이 아닌 유선 전화라 진동으로 바꾸기 힘들 경우, 전화벨 소리가 울리면 "전화 온 거 알려줘서 고마워, 알았으니까 이젠 앉아, 그리고 기다려" 기다리면 "엎드려!"를 시켜서 흥분한 상태를 가라앉혀 주세요. 이렇게 반복하면 짖는 행동을 고칠 수 있습니다.

전화를 받을 때마다 반려견과 시선을 맞추지 말고 자리를 벗어나는 것도 하나의 방법입니다. 전화를 받을 때 짖어대는 반려견에게 "조용히 해! 저리가!" 등의 말을 하면 반려견은 보호자가 짖는 행동에 대해 반응을 하는 것으로 느낍니다. 그러면 더욱더 짖습니다.

또 다른 방법으로는 짖을 때마다 "하우스!" "크레이트!"라고 말하고 간식을 줍니다. 반복해서 연습하면 '전화벨 소리가 날 때마다 하우스에 들어가면 간식을 먹을 수 있다'라는 칭찬과 보상 개념을 익혀 전화벨 소리를 곧 간식으로 인식하게 합니다. 이후에는 전화벨 소리가 울리자마자 하우스로 들어가는 모습을 볼 수 있습니다.

Q. 울타리에 익숙하게 하고 싶어요

반려견은 울타리 안에 머무는 것을 참지 못하거나, 그 공간에서 불안을 느낄 때 짖거나 울곤 합니다. 이때 반려견이 울거나 짖을 때마다 보호자가 "조용히 해"라며 달래거나 야단치면, 반려견은 그것을 자신에게 관심을 보이는 긍정적 반응으로 오해할 수 있습니다.

울타리를 이용해 반려견의 공간을 분리할 때는 반드시 출입할 문을 한곳으로 지정하고, 그 문을 통해서만 드나들게 해야 합니다. 보호자가 편의를 위해 울타리 너머로 반려견을 들어 올리거나 넘겨 넣는 행동을 반복하면, 반려견은 자신도 울타리를 넘어 다닐 수 있다고 착각할 수 있습니다. 반대로 문을 열고 닫으며 출입하는 습관이 잘 형성된 반려견은 울타리를 넘으려 하지 않습니다.

보호자는 반려견이 울타리 안에서 아무리 짖고 울어도 꺼내주면 안 됩니다. 먼저 "앉아!" "기다려!" "엎드려!"의 예절 교육을 통해 심호흡으로 이완할 수 있게 해야 합니다. 더 이상 울타리 안에서 울거나 짖지 않는다면 이름을 부르면서 꺼내줍니다. 보호자가 안쓰러운 마음에 반려견의 행동을 받아주면 엉뚱한 짖음이나 하울링을 초래할 수 있습니다.

. **낯선 반려견만 보면 무조건 으르렁대고 공격성을 보여요**

낯선 반려견을 대할 때마다 둔감하게 받아들이는 교육을 해야 합니다. 자극에 노출되어도 공격적으로 반응하지 않게 하는 것입니다. 낯선 반려견에게 공격성을 드러낼 때, 관심을 다른 곳으로 돌릴 만한 지시를 하고, 반려견이 이를 따를 때마다 좋아하는 간식으로 보상하면 점차 행동이 개선됩니다. 이렇게 하면 불안한 경험이 줄어들어 다른 반려견과도 더 편안하게 지낼 수 있습니다. 이러한 과정이 진행되는 동안 공격적인 행동이나 불안한 반응을 보이더라도 조급해하지 말고 다시 처음부터 반복하면 됩니다.

처음 훈련을 시작할 때는 반려견이 이미 알고 있는 사람이나 반려견을 대상으로 하는 것이 좋습니다.

우선 반려견을 복도 끝이나 다른 방에 위치시킨 뒤, "앉아!" 명령을 내리고 기다리게 합니다. 이때 잘 수행했다면 맛있는 간식으로 보상합니다. 이후 사람이나 다른 반려견이 접근할 문밖을 바라보게 하되, 처음에는 반려견과 문과의 거리를 두어 상대를 완전히 보지 못하게 합니다. 반려견이 여전히 불안해한다면 더 떨어진 곳으로 이동해 1~2초 정도만 상대가 시야에 들어오게 합니다. 다른 반려견이 지나갈 때 반려견이 흥분하지 않고 편안하게 숨 쉴 수 있도록 부드럽게 쓰다듬어주세요. 반려견이 전반적으로 이완된 상태에서 보호자에게 집중할 수 있다면, 그때 보상합니다.

반려견이 점차 적응하면 거리와 노출 시간을 조금씩 늘려갑니다. 익숙해지면 낯선 사람이나 반려견이 있는 공원, 혹은 다소 분주한 장소로 이동해 연습합니다.

다른 반려견의 짖음에 익숙해지게 하려면, 짖는 소리를 녹음해 들려주는 방법이 효과적입니다. 처음에는 아주 낮은 볼륨에서 시작하고, 반려견이 익숙해지면 점차 소리를 높입니다. 낮은 소리를 들려주면서 지시를 내리고, 반려견이 잘 따랐다면 즉시 보상합니다. 지시할 때는 밝고 즐거운 목소리를 들려주는 것이 좋습니다.

훈련은 절대 서두르지 말고, 반려견이 성공할 수 있는 쉬운 수준부터 천천히 진행해야 합니다. 만약 계속 불안해하거나 긴장된 모습을 보인다면, 둔감화 속도가 너무 빠르다는 뜻입니다.

연습 중에는 반려견이 긴장하지 않고 차분하게 행동할 때 반드시 보상합니다. 훈련 시간은 반려견의 반응에 따라 2분에서 20분 정도로 조절하며, 한 번에 오랜 시간 연습하기보다 하루에 여러 번 짧게 반복하는 것이 훨씬 효과적입니다.

반려견이 텔레비전에 나오는 사물이나 동물, 또는 인물을 보고 짖는 건 호기심과 관심의 표현입니다. 보통 이렇게 짖으면 보호자가 "짖지 마!"라고 혼을 내거나 입을 잡으며 반응을 보이면, 반려견은 내가 짖을 때마다 말대꾸를 해주는 것으로 착각하게 됩니다.

동물과 사람이 아닌 일반적인 사물이 나왔을 때 짖는 것은 새로운 것에 대한 경계일 수도 있습니다. 또한 특수한 소리에 민감하게 반응하여 짖는 경우입니다.

반려견이 특징적으로 싫어하는 사물이나 장면을 보고 민감하게 반응한다면, 특정한 소리를 아날로그로 녹음해서 반복적으로 틀어주어 탈감작desensitization(민감 소실 요법)을 해주면 좋습니다. 텔레비전을 함께 시청할 때는 맛있는 간식을 주면서 긴장을 완화해 줍니다. 그리고 반려견이 반응하는 장면과 소리를 점차 확대하면서 간식을 계속 먹을 수 있게 하면 긴장 완화에 도움이 됩니다. 그럼에도 이러한 행동이 호전되지 않는다면 동물병원에서 약물치료를 병행하는 것이 좋습니다.

반려견이 건강하게 지내기 위해서는 기본적인 건강 관리가 필수입니다. 그런데 신체 접촉을 싫어한다면 큰 문제가 될 수 있습니다. 많은 보호자가 반려견이 싫어하더라도 어쩔 수 없다며 억지로 관리하려 하지만, 이 경우 반려견은 도망다니고 보호자는 잡으러 다니느라 서로 스트레스를 받게 됩니다. 따라서 반려견이 원치 않는 일을 해야 할 때는 가능한 한 스트레스를 최소화하는 것이 중요합니다.

건강 관리는 반드시 반려견의 몸을 만져야 진행할 수 있습니다. 하지만 대부분의 반려견은 갑작스럽게 몸을 만지는 것을 좋아하지 않습니다. 특히 그 과정에서 불쾌하거나 아픈 경험이 생기면, 이후에는 몸을 만지는 것 자체가 큰 두려움이 됩니다.

'신체 접촉'은 건강 관리의 기본이며, 몸의 이상을 조기에 발견하는 데 중요한 역할을 합니다.

처음에는 반려견이 좋아하는 간식이나 사료를 이용해 '핸드콩' 훈련부터 시작합니다. 손바닥에 간식을 올려놓고 살짝 주먹을 쥔 뒤, 반려견이 손에 관심을 가지며 집중할 때 부드럽게 몸을 만져줍니다. 이때 사용할 간식은 한입 크기(1cm 이하)로 준비합니다. 간식을 주는 목적은 '먹이 보상'이 아니라, 몸을 만지는 행위를 긍정적인 경험으로 연결시키는 것입니다. 따라서 양이 많을 필요는 없습니다. 오히려 너무 많은 간식을 주면 금세 배가 불러 흥미를 잃거나, 고칼로리 간식의 과다 섭취로 체중이 늘 수 있습니다.

간식을 느슨하게 쥔 상태로 반려견의 코에 다가가면 반려견은 냄새를 맡고 주둥이를 손안에 밀어 넣습니다. 그러면 손 틈을 아주 조금씩 열어 반려견이 음식에 계속 집중하게 합니다. 이때 보호자는 다른 손을 이용해 몸 구석구석을 만집니다. 혼자 하기 힘들 때는 한

사람은 손으로 핸드콩을 만들고 다른 사람이 차근차근 몸을 만집니다. 만일 반려견이 조금이라도 불편해하면 중단하고 간식만 조금씩 먹게 합니다.

처음에는 천천히 등이나 배부터 가볍게 살살 쓰다듬듯이 만지고, 반려견이 받아들이면 좀 더 적극적으로 만져 익숙해지게 합니다. 간식을 다 먹으면 접촉을 멈추고 다시 간식을 준비한 후 계속 쓰다듬어줍니다. 마지막으로 칭찬과 함께 남은 간식을 먹인 뒤 쓰다듬기 과정을 마칩니다.

반려견이 충분히 익숙해지면 칭찬만 하면서 몸을 만지기 시작한 후 끝날 때 간식을 제공합니다. 이 모든 것에 익숙해지기 전까지는 발톱 깎기나 귀 청소 등 다른 건강 관리는 절대 시작하지 않는 것이 좋습니다.

 외출만 하면 온 집 안을 엉망으로 만들어요

집에 혼자 두면 짖어대고, 집 안을 난장판으로 만드는 것은 분리 불안 때문입니다. 이는 많은 보호자의 고민거리입니다. 대부분 보호자는 밖으로 나가기 전에 "잘 다녀올게"라고 말하며 안쓰러운 마음에 더 많은 스킨십과 대화를 건네고 헤어집니다. 그러곤 외출에서 돌아오자마자 반려견을 바로 안아주면서 "혼자 있느라 외로웠지?"라고 말하며 또 과한 스킨십을 합니다. 이런 행동이 오히려 보호자와 떨어져 있을 때 공포와 두려움, 그리고 집착을 불러옵니다. 이를 피하기 위해서는 외출이나 출근하기 30분 전에는 모른 척을 하는 것이 좋습니다. 돌아와서도 30분에서 1시간 이후에 아는 척을 합니다. 그러면 반려견의 분리 불안을 없앨 수 있습니다. 혹은 라디오나 텔레비전을 틀어 혼자 있는 생활에 잘 적응할 수 있게 도와주고, 혼자서 놀 수 있는 장난감도 준비합니다.

Q. 쓰다듬을 때마다 손가락을 자꾸 물어요

　반려견이 쫓아다니면서 발뒤꿈치를 무는 경우가 있습니다. 반려견을 쓰다듬을 때나 간식을 주려고 할 때마다 문다면 그 이유는 다음과 같습니다.

　반려견은 생후 2주가 지나면서 치아가 나오기 시작하는데 이때 잇몸이 매우 가렵습니다. 그래서 주위에 있는 모든 것을 물고 뜯습니다. 실리콘과 봉제 장난감을 주긴 하지만 해결되지 않습니다. 이때 보호자가 머리나 몸을 쓰다듬어주면 손을 물거나 핥습니다. 아직은 치아가 발달하지 않은 상태여서 손가락을 물어도 아프지는 않습니다. 그러다 보니 보호자가 손가락을 내밀면서 장난치고 놀아주기도 합니다. 바로 이것이 시작입니다. 나중엔 볼 때마다, 생각날 때마다 손가락과 발가락을 물어댑니다. 시간이 흐를수록 무는 강도가 강해져 예전 같지 않습니다. 그러던 어느 날, 세게 물린 보호자가 호되게 화를 냅니다. 하지만 반려견은 무엇이 잘못됐는지 알지 못합니다. 잘 놀다가 갑자기 화를 낸 보호자가 이상해 보일 뿐입니다.

　무심코 내민 손가락과 발가락이 시간이 지나면서 반려견에게 재미난 놀잇감이 되어버린 것입니다.

　이미 그렇게 인식이 되어버렸다면 어떻게 해야 할까요? 반려견이 손가락을 물 때마다 “아야!” “아파!”라고 싫다는 소리를 굵고 짧게 냅니다. 그리고 반려견을 쳐다보지 말고 가까운 방이나 화장실에 들어가 함께 있던 공간을 벗어납니다. 3분 정도 있다가 돌아와 아무 일 없었다는 듯이 다시 놀아주면 됩니다. 이때 절대 화를 내면 안 됩니다. 이를 반복하면 반려견은 보호자의 손가락과 발가락을 물면 놀이가 중단된다는 사실을 알게 됩니다.

반려견이 무는 이유는?

대부분의 반려견은 함부로 물어뜯지 않습니다. 깜짝 놀라거나 통증을 느낄 때, 불쾌감이나 불안을 느낄 때, 더 이상 도망칠 곳이 없다고 느껴질 때 물 수 있습니다. 자신이 싫어하는 행동을 피하기 위해서도 무는 행위를 합니다. 생후 4~6개월 사이 유치에서 영구치로 변하는 시기에도 잇몸이 가려워 뭐든지 물려고 합니다. 이때 무조건 물지 못하게 막기보다 물어서는 안 되는 물건과 물어도 되는 물건을 구별해 주는 것이 좋습니다. 그리고 장난치듯 사람을 가볍게 무는 경우에도 제대로 주의를 줘야 합니다.

반려견은 우리가 평생 보살펴야 하는 서너 살짜리 아이와 같습니다. 종종 보호자는 이러한 생각을 잊고 반려견을 혼내고 나무랍니다. 아이 키울 때를 생각해 보면 반려견을 어떻게 보살펴야 할지 답을 찾을 수 있습니다. 아이가 기어다니거나 아장아장 걷기 시작할 무렵이면 부모들은 아이 손이 닿는 곳의 위험한 물건들을 치웁니다. 아직 사물에 대한 인지 능력이 부족한 어린아이가 물건을 입에 넣거나 삼키면 위험할 수 있기 때문입니다.

반려견도 마찬가지입니다. 반려견이 호기심을 보일 만한 물건을 치우는 것이 우선입니다.

반려견은 쓰레기통을 좋아합니다. 반려견에게 쓰레기통은 온갖 신기한 냄새를 풍기는 아주 재미있는 상자입니다. 먹으면 안 되는 것들이 담겨 있다는 것을 알지 못합니다.

슬리퍼, 방석, 쿠션 등의 실내 소품들도 마찬가지입니다. 이게 명품인지 소모품인지, 물면 안 되는 것인지 구분하지 못합니다. 화분에 있는 흙과 화초들도 산책할 때 재미있게 놀았던 상황을 떠올리게 하는 신나는 장난감입니다. 하지만 보호자는 이를 그대로 두면 안 됩니다.

화분에 있는 흙을 섭취하게 되면 유기인제과 같은 비료 성분으로 인해 반려견의 건강을 해칠 수 있습니다. 그러니 반려견들이 만지지 말았으면 하는 것들은 미리미리 치워두거나 울타리를 이용해 접근하지 못하게 막아야 합니다. 절대로 반려견에게 화를 내거나 사람 대하듯 말로 설득하려고 하면 안 됩니다.

혼자 있을 때 장판을 물어뜯는 경우도 있는데, 반려견이 혼자서 재미있게 갖고 놀 수 있는 장난감이 없어서 그럴 수 있습니다. 장난감을 주면 장판이나 슬리퍼 등을 물어뜯는 행동을 고칠 수 있습니다.

반려견이 그러는 이유는 간단합니다. 이름이 불렸을 때 칭찬받은 기억보다는 혼나고 야단맞은 기억이 더 많고 강하기 때문입니다. 보호자가 반려견의 이름을 부르는 소리는 세상에서 가장 행복한 소리여야 합니다.

심각한 경우 처음 반려견을 데리고 왔을 때로 돌아가 다시 시작해야 합니다. 약속한 규칙을 지켰을 때만 간식을 주는 것으로 무분별한 간식 주기를 멈춰야 합니다. 그러고 나서 좋아하는 간식을 들고 반려견 이름을 부릅니다. '이름을 부르면서 간식을 준다'라는 공식은 이름이 불리는 소리가 기분 좋고 행복한 소리임을 인식하는 데 많은 도움이 됩니다.

그리고 점점 거리를 늘려갑니다. 보이지 않는 곳에서도 이름 부르는 연습을 합니다. 그리고 어느 순간이 되면 간식을 바로 주기보다 피딩 토이를 이용합니다. 나중에는 만져주기만 해도, 장난감만 줘도 큰 보상이 됩니다. 물론 하루 이틀 연습으로는 효과가 크지 않습니다. 최소 2주 이상 반복해서 학습해야 합니다.

Q. 엄마를 보호하려고 다른 가족을 공격해요

"중성화 수술을 한 네 살 된 수컷 닥스훈트입니다. 집에서 엄마 외에 다른 가족을 공격합니다. 산책할 때도 다른 반려견을 공격해서 강압적으로 진정시킨 적이 있습니다. 인형 놀이나 줄다리기 놀이를 좋아하지만 아이들이 반려견을 무서워해서 잘 놀아주지 않습니다. 하루 종일 각종 물건을 씹는 것을 좋아하고 낯선 사람과 동물을 보면 짖고 공격적입니다. 장난감을 치우면 으르렁대고 간식이나 장난감, 좋아하는 사람 근처에 다른 반려견이 와도 으르렁댑니다. 보호자인 엄마 근처에 다가가는 아이들을 수시로 물려고 합니다. 이럴 때마다 충격기, 스프레이, 초크 체인을 사용해서 제압하곤 했습니다. 그러고 나면 크레이트에 가둬두기도 했습니다. 행동 교정이 가능할까요?"

이러한 증상은 보호자에 대한 영역 보호 공격 성향과 비슷합니다. '영역 보호 공격성'은 어떤 개체나 무리가 한 개체나 무리에게 특별한 위협 없이 접근하는데도 불구하고, 제한된 고정 공간(마당 등)이나 유동 공간(자동차 등) 주변에서 지속적으로 보이는 공격성을 의미합니다.

이 두 가지 공간 모두 거리가 가까워질수록 공격성이 강해지는 경향을 보입니다.

영역은 유동적이거나 일시적, 계절적일 수도 있으며, 때로는 더 장기적으로 유지되기도 합니다. 또한 공원의 벤치처럼 영역으로 적절하지 않은 장소를 지키거나, 반대로 적절한 장소라도 상황에 맞지 않게 지키는 경우도 있습니다. 예를 들어, 보호자가 다가오지 못하게 하는 행동이 이에 해당합니다.

자동차, 크레이트, 울타리, 목줄 등과 같은 제한된 공간은 영역 공격성을 오히려 강화할 수 있습니다. 묶거나 가두어두었을 때 상황이 악화되는 이유는, 제한된 공간에서 반려견의 영역 방어 본능이 더 강하게 자극되기 때문입니다. 또한 보호자가 반려견을 만지거나 안으려는 행동도 보호 공격성을 유발할 수 있으므로 주의가 필요합니다.

실제 위협이 없음에도 과도하게 예민하게 반응한다면, 보호 공격성을 의심해 볼 수 있습니다.

이러한 영역 보호 공격성이 있는 경우, 갑작스럽게 누군가 방문하는 상황은 가능한 한 피해야 합니다. 부득이하게 방문이 예정되어 있다면, 15~30분 전에 반려견을 다른 방에 이동시켜 보호 행동을 유발할 만한 상황을 미리 차단해야 합니다.

이때 혼자 남은 반려견에게는 푸드 퍼즐이나 피딩 토이 같은 행동학 장난감을 제공하면 도움이 됩니다. 증상이 호전되기 전까지는 반려견을 무서워하는 사람의 방문을 자제하도록 협조를 구하는 것이 좋습니다.

위협이 없는 장소에서 반려견에게 심호흡하며 앉아서 기다릴 수 있도록 가르치면 도움이 됩니다. 영양 보조제 함량이 높은 사료, 오메가-3 지방산도 반려견의 민감성을 줄여줍니다. 오메가-3 지방산은 여러 번에 걸쳐 하루에 1200~1500mg 정도 주면 좋습니다.

동물병원에서 진단받은 약물치료를 함께하는 것이 중요합니다. 수년간 몸에 익숙해진 행동이기 때문에 치료 예후는 그리 좋지 않을 수도 있습니다. 그러므로 어떤 경우든 예방이 정말 중요합니다. 안전을 위해서 어린아이와 공격 성향이 있는 반려견은 함께 있도록 하면 안 됩니다. 전기 충격 목걸이 또한 공격성만 강화하므로 사용하지 않는 것이 바람직합니다.

Q. 하품도 자주 하고 혀를 내민 채 헥헥거려요

반려견이 스트레스를 받을 때 보이는 증상입니다. 사람과 마찬가지로 반려견도 스트레스를 받습니다. 특히 보호자의 규칙을 깨는 행동들이 반복되면 매우 큰 스트레스를 받습니다.

스트레스를 받으면 보통 흥분하기 시작해 심박수가 증가하고, 헥헥거리며 혀를 내밀기도 합니다. 또 털도 많이 빠지면서 각질과 비듬이 생기고, 잦은 하품에 눈 깜빡임도 심해집니다. 배변·배뇨를 갑자기 못 가린다거나 구토와 설사를 하기도 합니다. 흥분이 심해지면 공격성을 보이며 물기도 하고, 강박증으로 발가락을 많이 핥기도 합니다. 이처럼 평소와 다른 행동을 보이면 유심히 관찰할 필요가 있습니다.

스트레스를 받은 반려견은 그로 인해 다른 질병으로 진전될 가능성이 매우 높기 때문에 동물병원에 꼭 내원해서 건강 상태를 확인하는 것이 중요합니다.

반려견의 스트레스를 가장 쉽게 해소시키는 방법은 산책과 놀이입니다. 보호자와 함께 잡아당기기 놀이를 하거나 운동장에서 뛰어놀기만 해도 스트레스가 많이 해소됩니다. 대부분의 보호자는 맛있는 간식으로 위로하려 하지만 그것이 전부는 아닙니다. 간식과 함께 전신 마사지나 스킨십을 하면 더 좋은 효과를 가져올 수 있습니다.

🦴 함께하는 삶, '책임'에서 시작돼요

❓. 크레이트에 익숙하게 하려면 어떻게 해야 하나요?

손님이 오면 크게 짖어대는 통에 민망해질 때가 많습니다. 보호자와 떨어져 분리 불안증을 느낄 때도 크게 짖고, 공사장 소음이나 천둥소리 등을 듣고 공포를 느낄 때 짖기도 합니다. 이럴 때는 크레이트 교육으로 문제를 해결할 수 있습니다. 크레이트 공간이 좁아서 안쓰럽게 생각하는 보호자도 있는데, 반려견을 잘 관찰해 보면 실제로는 그렇지 않다는 것을 알 수 있습니다. 개는 구석지고 좁은 곳을 좋아합니다. 불안감을 느낄 때 침대나 책상 밑 혹은 소파 뒤로 숨는 반려견을 볼 수 있습니다. 분만이 다가오면 임신한 반려견이 외지고 조용한 곳을 찾는 행동도 같은 맥락으로 이해할 수 있습니다. 대다수 반려견이 이불 속에 들어와 자는 경우가 많은데 이 또한 추워서가 아니라 동굴에 있는 듯한 포근함을 느껴서입니다.

크레이트 교육법

먼저 크레이트에 대한 거부감부터 제거해야 합니다. 개도 사람처

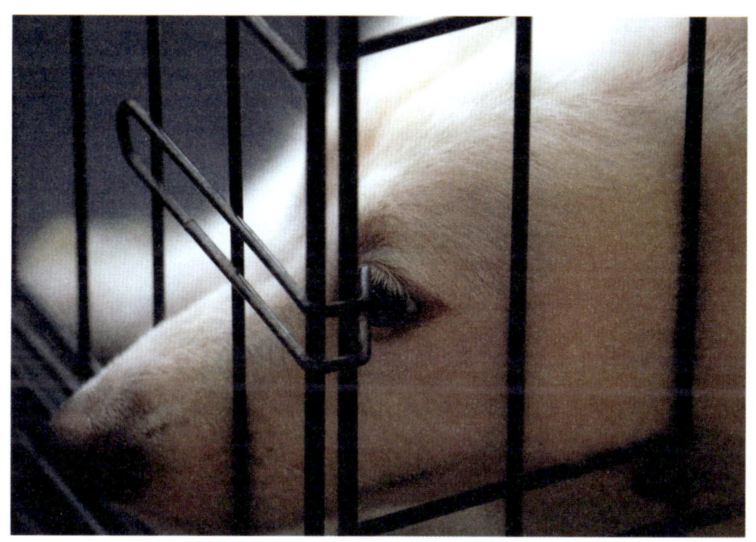

럼 처음 접하는 물건에 대한 경계심이 많습니다. 그 상태에서 크레이트 안에 반려견을 강제로 밀어 넣고 문을 닫는다면 불안감은 이루 말할 수 없이 커집니다. 처음에는 문을 열어놓은 상태로 크레이트 안에서 놀아주고 간식을 넣어주는 등(피딩 토이 안에 간식을 넣어서 이용하면 좀 더 긴 시간을 크레이트에서 보낼 수 있다) 친밀감을 느끼게 한 후 서서히 거부감이 없어지면 잠깐씩 문을 닫아줍니다. 잠시 후 반려견을 크레이트에서 꺼낸 뒤 간식을 주는 등 칭찬을 병행합니다. 이때 간식이나 장난감을 물고 크레이트에서 나온다면 다시 넣는 행동을 반복하여 크레이트와 친밀해지도록 합니다.

간혹 문을 닫자마자 불안해하는 반려견도 있습니다. 이때는 약간의 칭찬으로 마음을 가라앉힌 후 진정이 되면 나오게 해 간식을 주면서 다시 칭찬해 줍니다. 불안해한다고 바로 크레이트에서 꺼내면 그러한 행동이 강화되어 점점 더 문을 닫을 수 없게 됩니다. 크레이트에 쿠션이나 담요를 넣어주면 좀 더 아늑함을 느껴 편안하게 지낼 수 있습니다.

절대 하지 말아야 할 일

간혹 무서워서 짖어대는 반려견에게 벌을 준답시고 크레이트에 가두는 경우가 있습니다. 이럴 경우 반려견은 폐쇄 공포증에 시달릴 수 있습니다. 그러면 더욱더 크레이트를 싫어하게 됩니다. 그러니 벌칙을 목적으로 크레이트를 사용해서는 안 됩니다.

반려견과 함께 떠나는 여행

크레이트 트레이닝이 잘 이루어지면 반려견과 함께하는 여행도 안심하고 떠날 수 있습니다. 반려견에게 크레이트가 안심하고 쉴 수 있는 장소라고 인식되면, 자동차는 물론 비행기에서도 크레이트에 넣어 탑승할 수 있습니다. 그리고 이동 중 차 안이나 여행지 숙소에서 일어날 수 있는 배변·배뇨 문제도 해결할 수 있습니다. 또한 모르는 장소라고 해도 익숙한 크레이트가 있다면 반려견은 안심하고 잠도 잘 잡니다.

이러한 증상은 일반적으로 '강박 장애Obsessive-Compulsive Disorder,
OCD' 혹은 '강박증'이라고 합니다. 강박증은 같은 행동을 반복하거
나, 존재하지 않는 자극에 과도하게 반응하는 행동 장애를 말합니다.
증상이 심해지면 정상적인 일상생활이 어려워지고, 사람이나 다른
동물의 접촉이나 통증 자극에도 반응하지 않는 경우가 생깁니다.

흔히 나타나는 강박 행동으로는 제자리 돌기, 원 그리기, 같은 구
간을 반복해서 걷기, 허공이나 그림자 쫓기, 이물질을 핥거나 깨물
고 섭취하기, 특정 신체 부위를 계속 핥거나 물어뜯기(꼬리 쫓기), 단
조로운 소리를 반복적으로 내기 등이 있습니다.

이러한 강박 행동의 원인은 다양합니다. 어미 개와 너무 일찍 분
리되거나, 불린 사료를 너무 일찍 먹기 시작한 경우가 원인이 될 수
있습니다. 또한 사회화 시기에 외부 자극이 부족했거나, 지루한 일
상, 보호자와의 상호작용 부족 등 환경적 요인도 영향을 미칩니다.

특히 크레이트나 케이지 안에서 하루 대부분을 보내는 반려견은
자극 결핍으로 인해 강박 증상이 나타나기 쉽습니다. 외부 소음, 보
호자의 잦은 고성이나 부부 싸움, 가정 내 갈등과 같은 지속적 스트
레스와 불안도 강박 행동을 유발할 수 있습니다.

또한 유전적 요인도 작용하는데, 예를 들어 불테리어는 꼬리 쫓기나 제자리 돌기 행동을, 도베르만핀셔는 옆구리나 물건을 반복적으로 핥는 행동을 보이는 경향이 있습니다. 저먼 셰퍼드나 달마티안, 로트와일러는 허공을 응시하고 리트리버는 신체 일부를 지나치게 핥거나 자해를 하기도 합니다.

하지만 모든 반려견이 같은 조건에서 강박증을 보이는 것은 아닙니다. 어떤 개체는 극도의 스트레스 상황에서만 증상이 나타나는 반면, 어떤 종은 비교적 작은 스트레스에도 강박 행동을 보일 수 있습니다.

보통 강박증이 시작되는 시기는 생후 1~3년 사이로, 대체로 사회화 부족과 관련이 있습니다. 그러나 신경계나 내분비계 질환 등 다른 질병이 원인일 수도 있으므로, 정확한 원인을 확인하기 위해 반드시 동물병원에서 진단을 받아야 합니다.

강박 행동은 대개 특정 계기나 상황에서 시작됩니다. 예를 들어 음식을 먹기 전후, 보호자가 외출할 때, 낯선 사람이나 동물을 보았을 때 등의 상황에서 증상이 나타나는 경우가 많습니다. 강박 증상이 심한 경우에는 행동 교정에 앞서 약물치료를 3~5주 정도 병행해야 할 수도 있습니다. 증상이 어느 정도 완화되어야 본격적인 행동 교정이 가능합니다. 이때 반드시 심호흡, 이완 교육 같은 기초 교육을 함께 실시해야 하며, 체벌이나 잘못된 행동에 대한 과도한 제지는 피해야 합니다. 무엇보다 보호자와 반려견 사이의 신뢰를 회복하고, 약속을 통한 관계 재구축이 중요합니다.

그렇다면 언제 행동을 멈추게 해야 할까요? 이미 강박 행동이 시작된 후에는 내적 보상이 이루어진 상태이므로, 그때 교육을 시도하면 효과가 떨어집니다. 따라서 강박 행동을 시작하려는 순간, 즉 꼬리를 바라보거나 준비 동작을 보일 때 다른 행동으로 유도하고 즉시 보상하는 것이 가장 좋습니다. 물론 늦게라도 행동을 멈추게 하는 것이 아예 방치하는 것보다는 훨씬 낫습니다.

행동을 제지할 때 혼내거나 소리를 지르는 행위는 금물입니다. 반려견에게 스트레스를 주는 일은 행동 치료에 전혀 도움이 되지 않기 때문입니다. 빈 봉지 소리나 나무 부딪히는 소리 등 의미 없는 소리를 내서 반려견의 주의를 돌린 뒤 그만두게 하는 것이 가장 좋은 방법입니다.

일상생활에서도 가능하다면 스트레스와 불안감을 줄이고 적절하게 정신적·신체적 자극을 제공해야 합니다. 예를 들면 행동학 장난감으로 놀아주고 식사는 푸드 퍼즐을 이용해 제공하는 것이 좋습니다. 물론 강박 장애는 완치가 어려울 수 있으며 조금이라도 관리가 소홀하면 재발하는 경우가 많습니다.

Q. 새로운 물건이나 장소를 두려워해요

이 증상은 '새것 공포증Neophobia'입니다. 새롭고 친숙하지 않은 사물이나 환경에 대해 회피, 불안 행동을 일관되게 보이는 질환입니다.

일반적인 두려움이나 공포증과 달리, 새것 공포증은 사회화 시기인 어렸을 때 외부 자극에 대한 노출이 절대적으로 부족하면 발생합니다. 연구 결과, 생후 14주 이전까지 노출이 되지 않은 반려견은 새것 공포증 발생 위험성이 매우 높다고 합니다. 이 시기에 아주 조금만 노출해 줘도 새것 공포증을 피할 수 있지만 모든 반려견이 그런 것은 아닙니다.

일단 공포 관련 행동 질환은 애초에 유발되는 상황을 회피하는 것이 좋습니다. 그런데 절대적인 회피는 불가능하므로 약물의 도움을 받도록 합니다. 그러고 나서 행동 수정을 통해 개선될 때까지 새로운 자극원에 익숙해지는 방법을 사용해야 합니다. 예를 들어 눈가리개, 귀마개, 조용한 시간에 산책하기 등이 있습니다.

"입양할 때 차에서 세 번 정도 구토한 경험이 있는데 그때 이후로 차
를 타거나 차 주위만 가도 헛구역질을 하면서 차 타기를 싫어해요.
어떻게 하면 좋지요?"

차에 대한 두려움이 굉장히 심한 것 같습니다. 입양할 때 겪은 좋
지 않은 기억이 영향을 미치는 것입니다. 이럴 경우 반려견이 차에
탈 때는 문을 열어놓은 채로 태우고, 흥분하지 않으면 칭찬하고 보
상으로 간식을 먹입니다. 그리고 바로 차에서 나옵니다. 차 문은 편
안해하면 그때 닫아줍니다. 흥분하지 않고 얌전하게 잘 있으면 다시
한번 칭찬해 주고 간식을 먹이고 바로 차에서 나옵니다. 그런 식으
로 점차 차 안에 있는 시간을 늘려갑니다.

차 내부에 있는 것이 조금 익숙해지면 반려견을 앞 좌석에 앉히
고 시동도 걸어봅니다. 반려견이 익숙해져서 이렇게 해도 흥분하지
않으면 칭찬과 간식으로 보상합니다. 더 익숙해지면 반려견과 함께
아주 짧은 거리를 차를 타고 이동해 봅니다. 가는 도중에 불안해하
지 않으면 차를 세우고 칭찬과 더불어 간식으로 보상합니다. 이런 식
으로 이동하는 거리와 시간을 조금씩 늘려갑니다. 혹시 연습을 잘하
다 갑자기 반려견이 많이 불안해하면 교육을 잠시 멈추고 기다려줍

니다. 침착해지면 다시 낮은 단계부터 반복합니다. 반려견이 흥분을 가라앉히지 않으면 교육을 그만하고 다른 날 다시 시작해야 합니다.

반려견이 어렸을 때 두려움이 생기는 이유는 외부 환경에 노출되는 경험이 부족해서일 수도 있고, 선천적인 기질일 수도 있습니다. 어릴 때는 이런 것이 큰 문제가 되지 않아 보호자가 그냥 지나칠 수도 있지만, 성장하면서 사회성 부족으로 두려움은 더욱 심각해질 수 있습니다.

동물병원에 첫 접종하러 내원했을 때 유난히 두려움을 보이는 반려견이 있습니다. 소심해서 그럴 수도 있지만 위협적이지 않은 사람이 접근할 때도 두려워한다면 정상 반려견의 행동이라고 보기 어렵습니다.

Q. 번개나 천둥소리, 청소기 소리에 너무 예민해요

소음에 교감 신경계가 작용하여 불안하고 두려운 반응을 보이는 것 같습니다. 우리는 이를 '소음 공포증'이라고 부릅니다. 반려견에게 이런 공포증이 발병하면 노출을 반복해 주어도 지속적으로 예민하게 반응합니다.

증상은 일반적인 공포증과 유사하며 짖기, 탈출 행동, 구토, 설사, 배뇨, 배변, 침 흘림, 과격행동, 헐떡임, 배회, 경직, 떨림 등이 나타납니다. 이런 증상을 보일 경우 일단 공포를 일으키는 소음을 피하는 것이 좋습니다. 소음을 차단해 주는 헤드폰, 방음판, 귀마개 등을 사용해 봅니다. 번개에 반응한다면 눈을 가려주는 것도 도움이 됩니다.

항산화제나 오메가-3 지방산이 들어있는 영양제는 스트레스로부터 신경을 보호하는 데 도움이 됩니다. 반려견마다 반응하는 소음과 증상이 다양해서 우선 어떤 소음에 민감한지 동영상 등을 촬영하여 확인해 봅니다. 이때도 존중, 이완 교육을 기본적으로 가르쳐줘야 합니다. 불안과 공포 반응에 무심코 보상하면 안 되고, 무서워서 울부짖으며 떨고 있을 때 "괜찮아!"라고 말하며 다가가 만지지 말아야 합니다. 괜찮은 상황이 아닌데 위로하거나 보상하면 반려견이 혼란

스러워할 수 있기 때문입니다. 그래서 보호자의 의도와는 전혀 다르게 더 불안해합니다. 일단은 평온하고 조용한 공간에 혼자 두고 옆에서 조용히 기다려주는 것이 좋습니다.

어릴 때부터 크레이트를 좋아하고 안전한 공간으로 인식할 수 있게 하는 것도 중요합니다. 번개나 천둥이 칠 때 크레이트에 담요를 덮어 들어가게 하면 반려견에게 안정감을 줄 수 있습니다. 크레이트를 싫어한다면 어둡고 조용히 숨을 만한 공간을 제공해 주는 것도 좋습니다. 이러한 증상도 동물병원에서 처방된 행동 약물치료와 병행하면 더욱더 좋은 효과를 볼 수 있습니다.

Q. 목욕을 싫어하는 반려견은 어떻게 씻겨야 할까요?

동물은 원래 몸이 지저분하거나 냄새나는 것을 신경 쓰지 않습니다. 오히려 개구쟁이처럼 지저분한 것을 묻히고 냄새나는 것을 즐기지요. 하지만 사람들과 함께 생활하려면 목욕은 필수입니다. 문제는 잘못된 목욕 방법 때문에 목욕을 거부하거나 피부가 손상될 수 있다는 점입니다.

반려견을 목욕시킬 때는 우선 서두르지 말고 서서히 단계별로 씻겨야 합니다. 목욕 과정이 즐거울 수 있도록 중간에 보상도 해야 합니다.

① 목욕에 필요한 샴푸, 솜, 귀 세정제, 수건 등 모든 용품은 미리 준비합니다. 목욕 중간에 보호자가 자꾸 돌아다니면 반려견이 불안해하고 그만큼 목욕 시간도 길어집니다.

② 목욕 중 바닥이 미끄럽지 않게 욕실 바닥에는 미리 고무판이나 수건 등을 깝니다.

③ 물이 들어가지 않게 귀는 솜으로 막아줍니다. 혹시 이를 싫어하면 생략하고 물을 적실 때 귀에 물이 들어가지 않게 조심합니다.

④ 먼저 목욕에 앞서 반려견이 욕실과 샤워기 등에 적응하게 합니다.

⑤ 샤워기를 튼 다음에는 간식을 줘 기분 좋게 합니다. 한동안 목욕하

기 전에 이를 반복합니다. 목욕을 너무 싫어하면 욕실 문 앞에서 보
상합니다.

⑥ 반려견이 욕실에 익숙해지면 본격적으로 목욕을 시작합니다.

물은 미지근한 온도가 좋습니다. 너무 차갑거나 뜨거우면 반려견
이 놀라서 나쁜 기억을 가질 수 있습니다. 또 물이 너무 뜨거우면 화
상과 가려움증을 유발할 수 있어 주의해야 합니다. 물을 미리 받아
온도를 맞춘 후 바가지로 조금씩 몸을 적셔줍니다. 샤워기를 쓴다면
물을 약하게 튼 상태로 온도 변화를 계속 확인합니다.

샤워기를 멀리서 뿌리면 반려견이 놀랄 수 있어 샤워기를 몸에 가까이 대서 우선 몸만 씻기고 머리는 나중에 감깁니다. 머리에 미리 물을 적시면 물을 털기 위해 계속 머리를 흔들기 때문에 보호자가 목욕에 집중하기 힘듭니다.

동물 피부는 사람과 달라 반드시 동물 전용 샴푸를 사용해야 하며, 가능하면 향이 약한 샴푸를 써야 합니다. 지나친 향은 너무 자극적이라 불쾌감을 줄 수 있습니다.

샴푸액이 피부에 남으면 가려움증이나 피부병을 유발하기 때문에 충분히 헹궈줍니다. 이때 몸 전체를 부드럽게 만지며 반려견의 몸에 어떤 변화가 있는지 확인하는 것도 중요합니다. 평소 없던 덩어리가 만져지면 동물병원에서 검진을 받습니다.

목욕을 마친 다음 반려견의 몸을 수건으로 충분히 닦고 드라이기를 이용해 미지근한 바람으로 말려줍니다. 마지막으로 보상의 의미로 간식을 충분히 제공해 모든 목욕 과정에 적응하게 합니다. 목욕 중간에 간식을 조금씩 제공하거나 장난감으로 함께 놀아주면 목욕은 반려견에게 좋은 기억이 됩니다.

목욕 횟수는 털 길이, 품종, 실내외 생활, 산책 빈도 등을 고려하되, 최소화하는 것이 좋습니다. 목욕 과정에서 피부를 보호하는 피지나 각질 등이 탈락되면서 피부가 건조해질 수 있기 때문입니다. 따라서 지저분하거나 냄새나는 경우를 제외하고 목욕은 한 달에 한 번 정도가 적당합니다. 물론 피부병 치료인 약물 목욕은 예외입니다. 이때는 반드시 수의사 처방에 따라 조심스럽게 약물을 써야 합니다.

털이 많이 빠지는 단모종은 목욕 간격을 길게 유지하기 위해 자주 털어주는 것이 좋습니다. 반면 장모종은 털이 엉키지 않도록 정기적으로 빗질을 해주어야 합니다. 또한 귀 청소나 항문낭 짜기는 위생 유지를 위해 일주일에 한 번 정도 해주는 것이 좋습니다.

발바닥의 패드

발바닥의 볼록하게 튀어나온 털이 없는 부분을 '패드'라고 부릅니다. 태어난 지 얼마 되지 않았을 때는 패드가 엷은 분홍색에 부드러운 촉감을 보이지만, 자라면서 점차 색이 짙어지며 단단하고 거칠어집니다. 이는 걸을 때 지면과의 마찰로 색소가 침착되기 때문입니다.

패드에서는 독특한 냄새가 나는데, 이는 패드에 있는 땀샘에서 땀과 분비물이 배출되기 때문입니다. 따라서 발바닥 청결 관리는 반려견의 위생과 건강을 위해 매우 중요합니다.

목욕을 시켰는데도 불쾌한 냄새가 남아 있다면, 그 원인은 바로 항문낭(항문샘) 때문입니다. 개와 고양이를 비롯한 대부분의 육식 포유류는 항문낭을 가지고 있으며, 여기서 특유의 냄새를 지닌 항문 낭액이 만들어집니다. 이 냄새는 동물들 사이에서 '신분증' 역할을 하며, 반려견끼리 처음 만날 때 서로의 엉덩이 냄새를 맡는 이유도 항문낭액으로 상대를 구별하기 위해서입니다.

보통 배변할 때 항문낭액이 배출되는데 단단한 변을 볼 때는 압박 때문에 잘 배출되지만 무른 변일 때는 잘 배출되지 않습니다. 또 갑자기 흥분하거나 스트레스를 받으면 항문낭액이 분비될 수 있습니다. 반려견을 혼낼 때 갑자기 비릿한 냄새가 나면 바로 항문낭액이 배출된 것입니다.

항문낭액은 체내 구조, 비만, 무른 변 등의 이유로 배출이 원활하지 않을 때가 많으며, 특히 소형견에게 자주 나타납니다. 이렇게 항문낭액이 잘 배출되지 않으면 반려견은 불편함을 느껴 엉덩이를 바닥에 끌거나 항문 주위를 핥는 행동을 보이게 됩니다.

아토피, 알레르기가 있거나 항문낭액을 많이 생성하는 경우도 마찬가지입니다. 결국 이로 인해 항문샘은 세균에 감염되고, 심하면 터지기도 합니다. 이때는 빨리 동물병원에서 치료를 받아야 합니다.

항문낭은 냄새를 줄이거나 항문낭염이나 파열을 예방하기 위해서 정기적으로 짜줘야 합니다. 항문낭은 항문을 기준으로 4~5시 방향과 7~8시 방향 두 곳에 존재하고 액이 배출되는 관은 항문 쪽으로 이어져 있습니다. 반려견의 꼬리를 바짝 든 후 항문 밑을 엄지와 검지로 넓게 만지면서 항문낭을 찾습니다. 이후 항문낭 아래쪽에서 두 손가락을 모아 항문 방향으로 밀어 올립니다. 이때 액체라 튈 수 있으니 휴지를 대고 해야 합니다. 항문낭액을 잘못 짜면 통증만 주고 액은 배출되지 않아 반려견이 크게 불편해할 수 있습니다. 따라서 시도하기 전에 반드시 수의사에게 올바른 방법을 배우는 것이 좋습니다.

항문낭액을 짠 후에는 항문 주위를 물로 씻기고 간식으로 보상합니다. 1~2주 간격으로 항문낭만 잘 짜줘도 개가 가진 특유의 냄새가 줄어듭니다. 무조건 목욕을 시키는 것보다 냄새의 원인을 찾아 해결하는 것이 반려견의 건강을 지키는 일입니다.

반려견의 스케일링을 위해 가끔 우리 병원에 오는 분이 있습니다. 처음엔 '이 보호자는 반려견 관리에 정말 신경 쓰나 보다'라고 생각했습니다. 다른 분들에 비해서 자주 오는 편이라 평소에 어떻게 반려견의 이빨을 관리하는지 물어보았습니다.

"저희 아이는 양치질을 너무 싫어해요. 그래서 이렇게 두 달에 한 번 정도 스케일링을 하러 오는 거예요. 양치하려고 칫솔을 보여주는 순간 입을 꽉 다물어버려요. 억지로 벌리려고 하면 심지어 물려고까지 해요."

반려견의 양치 때문에 고생하는 보호자가 많습니다. 양치를 시키지 않으면 이빨이 상해서 문제인데, 이는 보호자가 게을러서가 아니라 반려견이 거부하기 때문입니다. 양치질을 싫어하는 반려견, 어떻게 해야 할까요?

칫솔을 좋아하게 만들기

반려견에게 양치질을 시키려고 하면 물거나, 입을 다물고 열지 않거나, 집 안 구석진 곳으로 도망가서 나오질 않는 경우가 많습니다. 양치를 시키려는 보호자 입장에서는 답답하고 화가 날 법한 상황입니다.

이때 보호자에게 꼭 하는 말이 있습니다. 반려견은 사람이 아니라는 사실입니다. 반려견이 사람처럼 양치하려고 들 리가 없지요. 사람도 양치하기 귀찮다고 게으름을 피울 때가 있는데, 하물며 반려견은 오죽할까요. 반려견이 양치를 거부하는 건 당연합니다. 이럴 때 억지로 입을 벌려 양치를 시킨다고 해도 오직 그때뿐입니다. 그보다 치약, 칫솔과 익숙해질 기회를 주어야 합니다. 억지로 시켜서는 안 되며, 반려견이 스스로 양치질을 즐거운 활동으로 받아들이도록 만드는 것이 핵심입니다.

가장 먼저 할 일은 칫솔을 바꾸는 것입니다. 보통 우리는 칫솔모가 조금 닳았다 싶으면 교체를 합니다. 그런데 왜 반려견의 칫솔은 한 번 구입하면 평생 쓰려고 하는 걸까요?

개의 이빨은 사람의 치아보다 더 단단합니다. 그래서 칫솔모가 더 잘 닳기 때문에 자주 바꿔주는 게 좋습니다. 처음이라면 어떠한 칫솔을 선택해도 좋겠지만, 만약 양치질을 싫어하는 반려견에게 양치 훈련을 시작한다면, 평소에 사용하던 모양과 전혀 다른 것을 구입합니다. 그래야 적응시키기 좋습니다.

그렇다고 새로 바꾼 칫솔로 바로 양치를 시키면 안 됩니다. 우선 사료와 간식 근처에 칫솔을 놓습니다. 그래서 칫솔에 거부 반응이 없으면 그릇과 칫솔 사이의 거리를 좁힙니다. 그러면 일단 칫솔에 대한 경계심이나 두려움은 조금 사라집니다.

반려견에게 식사 시간은 즐겁습니다. 즐거운 시간에 옆에 있는 모든 것은 행복한 순간을 함께한 것이기에 마음의 장벽을 낮출 수 있습니다.

반려견이 칫솔에 익숙해졌다고 느껴지면, 칫솔에 평소 반려견이 좋아하는 습식 사료나 캔 사료, 파우치 간식이나 짜 먹는 페이스트 형식의 영양제를 묻혀서 먹게 합니다. 칫솔에 맛있는 것을 묻혀주면 반려견은 칫솔을 자신에게 즐거움을 주는 도구로 인식하게 됩니다. 맛있는 것을 먹을 수 있고, 장난감처럼 물고 뜯고 씹을 수 있는 편안한 대상이라고 받아들이는 것이죠. 시간이 지나면 반려견은 스스로 칫솔을 입에 물고 씹기도 합니다. 이렇게 충분히 익숙해지면, 칫솔을 내밀기만 해도 자연스럽게 입을 벌리게 됩니다. 혼내거나 설득하지 않아도 양치에 대한 거부감이 한층 줄어듭니다.

칫솔에 익숙해지면 이젠 치약과 친해질 차례입니다. 반려견이 좋아하는 간식에 치약을 섞어 먹입니다. 치약 중에는 고기나 과일 맛과 향이 나는 것이 있는데, 이런 제품을 선택해 반려견의 호감을 높이는 것도 좋은 방법입니다.

반려견 양치질에 사용하는 치약은 식용 가능한 성분이라 입을 헹궈낼 필요가 없습니다. 그러니 반려동물 전용 치약으로 사용하셔야 합니다. 사람이 쓰는 치약을 사용하면 급성 위염이나 소화기 장애가 발생할 가능성이 높으니 주의해야 합니다.

반려견의 스케일링

스케일링은 치석을 제거하는 것을 말합니다. 치석은 치아 표면에 생긴 플라크와 무기질(칼슘, 인), 염분, 세균 등이 조금씩 침착돼 석회화된 것입니다. 치석 1mg에는 약 1천 마리의 세균이 들어있으므로 치석을 주기적으로 제거해주지 않으면 세균이 잇몸을 상하게 하고 염증을 일으킵니다. 그리고 뼈 주변까지 약하게 해서 치주염이나 풍치를 일으킵니다. 반려견의 이빨을 건강하게 관리하려면 반드시 치석을 제거해 주어야 합니다. 스케일링은 정기적으로 1년에 1~2회를 권장합니다.

Q. 양치질은 어떻게 해야 할까요?

반려견이 양치질을 싫어하는 것은 본능적인 반응이기도 하고, 과거에 억지로 양치질을 당했던 부정적인 기억 때문이기도 합니다. 따라서 억지로 하게 하기보다, 양치 시간을 즐거운 시간으로 인식하게 만드는 것이 중요합니다.

우선, 양치질을 놀이처럼 즐겁게 만들어주세요. 꾸준히 연습하다 보면 어느 순간, "양치하자!"라는 말에 꼬리를 흔들며 다가오는 사랑스러운 모습을 보게 될 겁니다.

양치 훈련의 첫 단계는 입을 잡거나 만지는 것에 익숙해지게 하는 것입니다. '혹시 물리지 않을까' 하는 두려움이나 '빨리 끝내야 한다'는 조급함을 내려놓으세요. 반려견이 칫솔과 치약을 자연스럽게 받아들일 수 있을 때까지 충분한 시간을 주는 것이 좋습니다.

양치질을 시작할 때는, 먼저 보호자가 반려견의 입과 입 주변을 만지는 것에 익숙해지도록 합니다. 이 과정은 앞서 배운 스킨십 훈련과 같은 원리입니다. 처음에는 반려견을 다리 사이에 살짝 끼우거나 안아서 안전하게 고정해도 좋지만, 양치가 즐거운 시간으로 인식되면 굳이 잡지 않아도 스스로 다가오게 됩니다.

그다음에는 부드럽고 아프지 않게 칫솔질을 해주세요. 무엇보다

중요한 것은 '닦는 것'보다 '좋은 기억을 만드는 것'입니다. 양치가 '불편한 일'이 아니라 '행복한 일'이라는 인식이 생기면, 반려견은 양치질을 더 이상 두려워하지 않습니다.

칫솔에 반려견이 좋아하는 맛의 치약을 살짝 묻힌 뒤, 잇몸과 45도 각도로 맞춰 쓱싹쓱싹 약 5분 정도 닦아줍니다. 우리가 양치하듯 위아래, 좌우 방향으로 부드럽게 움직이면 됩니다.

하지만 처음부터 모든 이빨을 다 닦으려 하기보다는 앞니 몇 개(3~4개 정도)부터 시작해 조금씩 범위를 늘려가는 것이 좋습니다.

이 과정에서 중요한 것은 '빠짐없이 닦는 것'보다 '좋은 경험을 만드는 것'입니다. 사람처럼 반려견도 매일 양치질하는 것이 가장 좋지만, 일주일에 2~3회 정도만 해줘도 충분히 효과가 있습니다. 또한 정기적으로 동물병원에서 스케일링을 받고 치아 상태를 점검하는 것이 좋습니다.

일반적으로 개는 생후 약 7개월 전에 유치가 빠지고 영구치가 나기 시작합니다. 유치 시기에는 잇몸이 예민하므로 부드러운 칫솔모나 실리콘 재질의 손가락 칫솔을 사용하는 것이 좋습니다.

다만 손가락 칫솔은 '손을 물어도 된다'라는 잘못된 인식을 줄 수 있으므로, 가능하면 작고 부드러운 칫솔모의 일반 칫솔을 사용하는 편이 안전합니다.

칫솔 고르는 법

많은 보호자가 너무 다양한 칫솔 종류에 어떤 것을 고를지 고민합니다. 잇몸에 닿았을 때 아프지 않고, 칫솔모가 부드러우면서 구석구석 닦아낼 수 있는 칫솔을 고릅니다. 대개 앞니와 어금니에 사용할 수 있는 작은 칫솔모로 된 칫솔과 어금니 크기와 비슷한 크기의 칫솔 등 두세 가지를 같이 사용하는 것이 좋습니다. 칫솔모가 360도 원형으로 된 칫솔을 사용하면 자극이 적어 적응하기 쉽습니다.

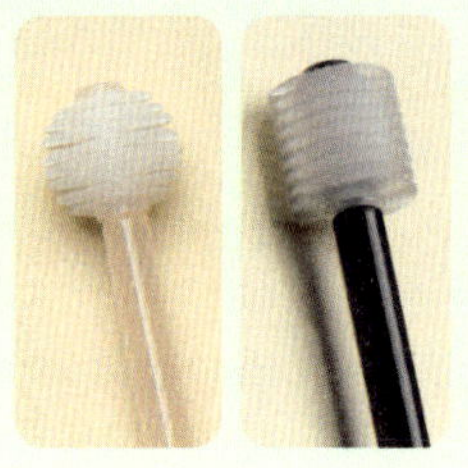

반려견이 엉덩이를 바닥에 대고 앞발로 당기면서 끌고 다니는 행동은 보통 세 가지 이유로 나뉩니다.

첫 번째는 항문낭 청소를 1~2주마다 해주지 않을 때 보이는 행동입니다. 항문낭에는 항문낭액이 있는데, 이 항문낭액이 배출되지 않고 남아서 쌓이면 염증이 생기고, 가려움증을 유발하여 엉덩이를 바닥에 긁어댑니다. 보통 1~2주에 한 번 목욕할 때 따뜻하게 마사지해준 뒤 짜내면 이 행동은 사라집니다. 항문낭 청소를 해도 가려움증이 지속되면 동물병원에 내원해서 치료를 받아야 합니다. 반려견은 항문낭을 청소할 때 순간적으로 통증을 느낍니다. 그래서 요즘은 어릴 때 항문낭 제거 수술을 많이 하기도 합니다.

두 번째는 기생충 감염입니다. 기생충 감염이나 항문낭에 기생충 알이 존재할 때도 이러한 증상을 보입니다. 기생충에 감염됐을 때는 동물병원에서 분변을 통한 기생충 검사와 치료를 반드시 받아야 합니다.

세 번째는 후지 마비의 경우입니다. 가려워서 바닥에 긁는 것이 아니라 척추나 후지 마비로 인한 증상일 수도 있습니다. 이때는 즉시 동물병원에 데려가 신경 증상에 대한 검진을 받아야 합니다.

Q. 갑자기 길을 잃은 듯 엉뚱한 곳으로 가거나 숨어요

보호자가 이름을 부르면 잘 오나요? 잘 오다가 다른 곳으로 가지는 않나요? 배변·배뇨를 하러 화장실을 가는데 다른 곳으로 가거나, 화장실에서 볼일을 보지 않고 그냥 돌아오는 경우는 없나요? 이런 증상은 주로 노령견들에게 나타나는데 치매와 비슷합니다.

활발하던 반려견이 의자 밑에 들어가서 나오지 않는다면, 백내장에 걸렸거나 나오는 방법을 까먹었을 가능성이 높습니다. 이러한 증상이 있으면 동물병원에서 진단을 받고 적절한 치료를 해주어야 합니다.

백내장이 발병해서 여기저기 부딪칠 수도 있으니 다치지 않게 보호 장비도 갖춰야 합니다. 치매와 같은 질환을 예방하려면 어릴 때 가지고 놀던 장난감으로 저작 작용을 할 수 있게 해주면 도움이 됩니다. 고무 장난감이나 봉제 인형 위주로 줍니다.

반려견이 발가락 사이를 핥는 행동은 몇 가지 원인으로 나눠볼 수 있습니다.

먼저 생리적인 이유입니다. 반려견은 발에만 땀샘이 있어, 체온을 조절할 때 발을 통해 땀을 흘리고, 코와 혀로 체온 조절을 돕습니다. 따라서 발을 매일 청결하게 씻기고 물기를 완전히 말려주는 것이 중요합니다. 그렇지 않으면 털과 발가락 사이에 남은 습기가 원인이 되어 피부질환이나 염증이 생기고, 가려움증을 유발할 수 있습니다.

반려견이 가려워서 발을 자주 핥으면 오히려 습기가 더 차서 염증이 심해지는 악순환이 일어납니다. 이런 상태의 발로 얼굴이나 몸을 긁게 되면, 상처를 통해 피부병이 전신으로 퍼질 위험도 있습니다. 대부분의 경우, 이러한 행동은 가려움증으로 인한 불편함의 표현입니다. 다행히 동물병원에서 적절한 약물치료를 받으면, 발병 정도에 따라 1~2개월 내 완치될 수 있습니다.

두 번째 원인은 식이성 알레르기입니다. 평소 먹던 사료나 간식의 특정 성분이 갑자기 감작感作 반응(어떤 항원에 대하여 예민해지는 반응)을 일으켜 가려움증이 생길 수 있습니다. 이럴 때는 식이 조절과 성분 관리, 그리고 약물치료를 병행해 증상을 완화할 수 있습니다.

　마지막으로, 분리 불안도 중요한 원인입니다. 늘 함께 지내던 가족 구성원이 장기간 집을 비우거나, 개학·취업 등으로 보호자의 생활패턴이 바뀌었을 때, 혹은 함께 지내던 반려동물이 세상을 떠난 경우에 이런 증상이 나타나기도 합니다. 또 홀로 집을 지키면서 의지하던 장난감이나 환경이 바뀌었을 때도 불안으로 인해 핥는 행동을 보일 수 있습니다. 이러한 증상이 지속된다면 전반적인 건강 검진과 함께 분리 불안에 대한 치료를 받아야 하며, 환경 안정과 보호자의 세심한 관심이 함께 이루어져야 합니다.

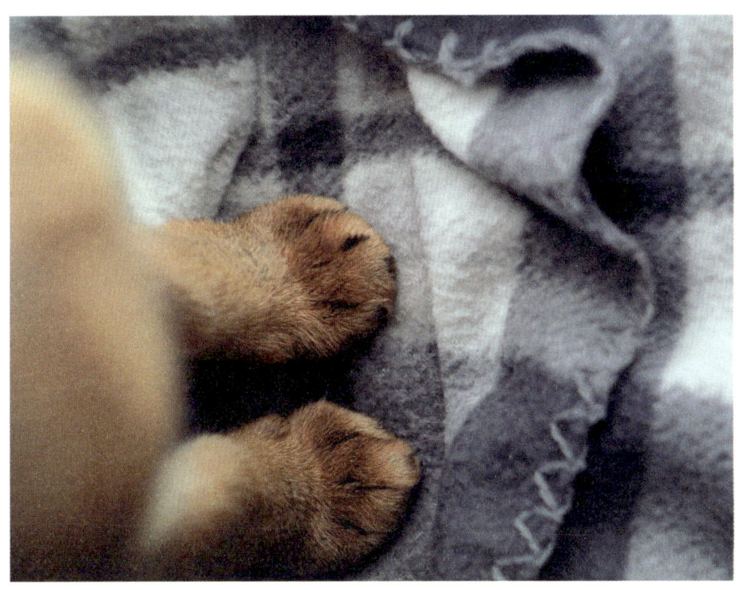

응급상황!
반려견을 지키는 첫 5분

 위급한 순간, 보호자의 손이 생명을 살린다

사랑하는 반려견과 생활하다 보면 생각지도 못한 사고가 생길 수 있습니다.

동물병원에 데려가기 전 간단한 응급처치를 어떻게 해야 하는지 알아두면 긴급한 상황에 요긴합니다.

불가피한 사고로 부상당하고 상처를 입을 경우 최대한 가까운 동물병원에 데려갈 때까지, 반려견의 현재 상태를 더욱 심각하게 악화시키지 않으려면 최대한 빠른 응급 처치가 필요합니다. 보호자가 할

수 있는 최선의 응급 처치는 '상태 체크'입니다. 반려견이 호흡은 정상적으로 하는지, 몸이 차가워지지 않았는지, 보호자나 주위 사물을 알아보는지 등의 상태를 최대한 빨리 체크해야 합니다. 그래야 동물병원에 내원했을 때 수의사에게 필요한 정보를 정확하게 전달할 수 있고, 응급 처치와 치료를 하는 데 매우 큰 도움이 됩니다.

체크 사항

- 심호흡이나 호흡의 거친 정도, 숨소리에서 가래 끓는 소리는 안 들리는지

- 심박수, 맥박수, 호흡수가 정상적인지

- 몸 전체를 만져 보았을 때 아파하는지, 골절이나 다른 이상이 있는지

- 사물이나 보호자를 인지할 수 없는 쇼크 상태인지

- 잇몸 색깔이 창백해졌는지, 혀 색깔이 파래지거나 보라색을 띠는지, 동공과 결막의 색상에 이상이 없는지 등

사고로 다친 반려견을 운반해야 한다면 나무나 플라스틱으로 된 넓은 판에 대형 수건이나 얇은 이불 등을 깔고 들것처럼 만들어 반려견을 고정한 뒤 이동시켜야 합니다. 사고로 출혈이 심할 때는 지혈을 해줍니다. 깨끗한 손수건이나 면 수건을 대고 상처 부위를 세게 눌러주거나 상처 부위에 깨끗한 면 거즈를 대고 붕대로 단단하게 감아줍니다.

반려견 인공호흡과 심장 마사지

인공호흡

1. 사고가 난 반려견을 옆으로 눕히고 우선 심장이 뛰는지 확인합니다.

2. 입을 벌려 입안에 이물이나 피, 침을 수건으로 깨끗이 제거하고 손수건으로 혀를 잡아빼 기도를 확보합니다.

3. 반려견의 입을 닫은 상태에서 콧구멍에 크게 숨을 불어넣어 반려견의 가슴이 부풀어 오르는지 확인합니다.

4. 반려견의 폐에서 자연스럽게 공기가 빠져나오도록 해줍니다.

5. 스스로 호흡할 수 있을 때까지 5~10초에 한 번씩 반복합니다. 단, 교통사고인 경우 폐에 이상이 있을 수 있으므로 인공호흡을 하지 않는 것이 좋습니다.

심장 마사지

인공호흡과 마찬가지로 반려견을 옆으로 눕혀 입안의 이물질을 제거합니다. 기도를 확보한 후 반려견의 왼쪽 심장 부위를 1초에 한 번 정도 손바닥으로 압박해 줍니다. 10회 실시 후에는 인공호흡을 하고, 가슴 쪽 흉부가 부풀어 올랐다면 바로 다시 심장 마사지를 해줍니다.

이 또한 교통사고인 경우는 해당되지 않으며, 심장이 멈췄다고
판단될 때만 해줍니다. 잘못하면 더욱 심각한 상황을 초래할 수 있
기 때문입니다.

골절·탈구됐을 때

반려견은 교통사고나 높은 곳으로부터 추락하는 경우, 혹은 품에 안겨있다가 뛰어내리는 상황에서 골절이 발생할 수 있습니다. 이럴 때는 무엇보다 골절이 의심되는 부위를 고정하는 것이 중요합니다.

골절이나 탈구가 의심되는 부위를 억지로 원래대로 맞추려 하지 말고, 그 상태 그대로 움직이지 않게 고정해 이동해야 합니다. 움직임이나 충격으로 인해 뼛조각이 주변 조직을 손상시키거나, 2차 감염이 발생할 수 있기 때문입니다. 이것이 보호자가 해줄 수 있는 가장 기본적이고 중요한 응급 처치입니다. 만약 고정이 어려운 부위라면, 억지로 고정하려 하지 말고 즉시 동물병원으로 이동합니다.

다리 골절이 의심될 경우는 수건으로 상처 부위를 감싸고, 그 위를 두꺼운 종이, 나무젓가락 여러 개, 또는 포장용 에어캡 등으로 감싸 움직이지 않게 고정하면 좋습니다.

갈비뼈 골절의 경우에는 폭이 넓은 탄력 붕대나 수건으로 단단히 감싸주되, 만약 잇몸이 창백하거나 혀가 파랗게 변하는 쇼크 증상이 나타나면 즉시 고정을 멈추고 신속히 동물병원으로 이동해야 합니다.

척추 손상이 의심될 때는 이동 중 척추가 움직이지 않도록 하는 것이 무엇보다 중요합니다.

반려견을 두꺼운 수건이나 담요로 감싸 움직이지 못하게 고정한 뒤, 병원으로 데려가야 합니다.

또한 반려견이 어딘가에 부딪힌 뒤 특정 부위를 반복적으로 핥거나 숨긴다면, 타박상을 입었을 가능성이 큽니다. 특히 머리를 다친 경우는 더욱 주의해야 합니다. 머리를 부딪힌 뒤 보행이 이상하거나 사지가 마비되는 등의 증상이 있다면 이는 심각한 상태일 수 있으므로, 반려견을 움직이지 않게 고정한 채 즉시 동물병원으로 이동해야 합니다.

물리거나 할퀴거나 긁히거나 하는 등의 상처가 생겼을 때는 상처를 통한 2차 세균 감염으로 인한 염증이 생길 위험이 있습니다. 혹시나 상처 부위에 출혈이 보일 정도로 피가 흐른다면 반드시 지혈을 해준 다음, 흐르는 물이나 식염수로 환부를 씻어줍니다. 그렇게 소독을 해준 후 상처를 붕대 등으로 감아주고 신속히 가까운 동물병원으로 갑니다. 만약 반려견이 몹시 놀라거나 통증 때문에 쇼크 상태를 보인다면 우선 안아주거나 조용한 곳으로 이동시켜 심리적 안정을 시켜줍니다.

간혹 모기, 외부 기생충, 벌레, 벌뿐 아니라 독사, 해파리 등에 쏘이거나 물리는 일도 있습니다. 독성이 있는 동물에게 물렸다면, 반려견의 호흡이 정상인지 살피고 아나필락시스 쇼크로 인한 호흡 곤란이나 피부 두드러기 증상이 나타나지 않는지 주의 깊게 관찰해야 합니다. 또한 상처 부위에 바늘이나 가시 같은 것이 박혀 있는지 살펴보고 차갑게 해주는 것이 좋습니다. 처치 후에는 바로 가까운 동물병원에서 신속하게 진료를 받습니다. 호흡 곤란, 동공 확장, 과량의 침 흘림 등의 증상을 보인다면 최대한 빨리 동물병원으로 가야 합니다.

독이 있는 것에 물리거나 쏘인 경우 심하게 움직이면 전체적으로 독이 퍼지기 쉬우므로 가능한 한 움직이지 못하게 하고 환부를 물로 계속 씻어줍니다. 또한 상처 부위에는 냉찜질을 해주고, 상처에서 약 5~10cm 위쪽을 신발 끈이나 허리띠 등으로 가볍게 묶어 독이 퍼지는 속도를 늦춰줍니다.

화상을 입었을 때

반려견이 뜨거운 불이나 물에 덴 경우, 화상의 정도에 따라 대처 방법이 달라집니다. 가벼운 화상이라면 서둘러 차갑게 식히는 것이 가장 중요합니다. 얼음물이나 찬물에 화상 부위를 담그거나, 흐르는 물로 5~10분 정도 식힌 뒤 동물병원으로 이동합니다. 이동 중에는 냉찜질 팩을 사용하면 통증 완화에 도움이 됩니다. 만약 화상이 심해 피부가 벗겨지거나 물집이 생긴 경우에는 즉시 병원에 연락해 수의사의 지시에 따라야 합니다.

특수한 세제, 표백제, 산·염기성 화학물질 등에 의한 화상은 무엇보다 빠른 세척이 최우선입니다. 보호자는 먼저 고무장갑을 착용해 자신의 피부를 보호합니다. 반려견의 목줄, 하네스, 옷 등은 모두 제거하고, 흐르는 물로 털과 피부에 묻은 화학 약품을 충분히 씻어냅니다. 가능하다면 어떤 종류의 화학 약품인지 제품명이나 성분을 확인해 기록해 둡니다. 이후 식염수에 적신 거즈로 상처 부위를 덮어 보호한 뒤, 신속히 동물병원으로 이동합니다.

전기에 감전됐을 때

집에 있는 콘센트나 전기선에 의해 반려견이 감전되어 쓰러지는 경우가 종종 있습니다. 이때 보호자는 반려견을 구하려는 마음에 순간적으로 손을 대는 경우가 많은데, 이는 매우 위험한 행동입니다. 우선 보호자는 추가 감전을 피하기 위해 주변 상황을 살피고, 전원이 차단되었는지 반드시 확인한 후 구조와 응급 처치를 해야 합니다.

반려견이 감전에 놀라 배뇨를 한 경우 배설물에도 전류가 흐를 수 있으므로 절대 닿지 않도록 주의해야 합니다. 전기가 통하지 않는 절연 장화를 신거나 고무장갑을 착용한 뒤, 반려견이 전기 코드를 문 채 쓰러져 있다면 전기가 통하지 않는 나무나 플라스틱 막대 등을 이용해 코드를 치우고 플러그를 뽑아 전원을 완전히 차단합니다. 그런 다음 반려견의 의식과 호흡, 심장 박동을 확인하고, 몸에 화상 자국이나 감전 흔적이 있다면 상태에 맞게 응급 처치를 실시합니다.

감전은 겉으로 보기에는 멀쩡해 보여도 내부 장기에 손상을 주거나 부정맥을 일으킬 수 있으므로 반드시 신속히 동물병원으로 데려가야 합니다.

열사병일 때

　반려견은 땀샘이 발바닥에만 있어 체온을 낮추는 데 어려움이 있기 때문에 짧은 시간 더위에 노출되어도 열사병에 걸릴 수 있습니다. 호흡이 거칠어지고 침을 과도하게 흘리기 시작하면 열사병의 초기 증상으로 의심해야 하며, 잇몸 색이 선홍빛에서 짙은 붉은색으로 변하고 심박수가 급격히 증가하면서 체온이 40℃를 넘는다면 즉시 응급조치가 필요합니다.

　여기서 더 나아가 갑작스러운 경련, 구토, 헛구역질 등의 증상이 동반된다면 이미 열사병이 심각하게 진행된 것으로 볼 수 있습니다. 이 경우 대뇌에까지 영향을 미쳐 신경 증상Neurologic symptoms(뇌, 척수, 신경, 근육 등 신경계에 이상이 생겼을 때 나타나는 여러 가지 행동이나 신체 반응)이 나타날 수 있으므로, 지체하지 말고 응급 처치를 한 뒤 신속히 동물병원으로 옮겨야 합니다.

　응급 처치를 할 때는 우선 바람이 잘 통하는 그늘이나 서늘한 곳으로 반려견을 옮기고, 미지근한 물을 목덜미와 코, 몸 전체의 순서로, 심장에서 먼 부위부터 적시거나 뿌려 체온을 낮춥니다. 이후 냉찜질 팩이나 얼음주머니를 머리 부위에 대어 추가로 열을 식혀줍니다. 반려견이 의식을 조금 회복하면 물을 소량씩 천천히 먹게 하며, 정상 체온인 37℃ 전후로 떨어질 때까지 응급 처치를 지속합니다.

경련, 발작을 일으킬 때

반려견이 갑자기 신경 증상이나 경련을 보일 때는 먼저 주위의 위험한 물건을 치워 부딪히는 것을 예방해야 합니다. TV나 음악, 큰 소리 등은 반려견에게 자극이 될 수 있으므로 되도록 조용한 환경을 만들어줍니다.

경련 중에는 무의식적으로 혀를 깨물 수 있으니, 둥글게 만 부드러운 수건이나 옷 등을 입에 물려 혀를 보호하는 것이 좋습니다. 이때 반려견이 발작으로 인해 의식이 없거나 통제하기 어려운 상태일 수 있으므로, 보호자가 응급 처치를 시도하다가 물릴 위험이 있으니 조심스럽게 접근해야 합니다. 무엇보다 반려견의 안정이 최우선이므로 강한 햇볕이나 소음 등 자극이 되는 요소를 멀리하고, 통풍이 잘되고 조용하며 어두운 공간에서 안정을 취하게 합니다. 증상이 어느 정도 가라앉으면 가능한 한 빨리 동물병원으로 데려가 전문적인 진료를 받아야 합니다.

이물질을 섭취했을 때

반려견이 산책 중이거나 혼자 있을 때 이물질을 삼킨 것으로 의심된다면, 가장 먼저 무엇을 먹었는지 확인하고 주변 상황을 살펴야 합니다.

구토한 흔적이 있다면 구토물의 양상과 내용도 함께 확인하는 것이 중요합니다. 대부분의 이물질은 삼키는 순간 위로 넘어가지만, 목이나 기도 근처에 걸리면 호흡이 곤란해지고 괴로워서 울부짖거나 몸부림칠 수 있습니다. 이럴 때는 직접 입안에 손을 넣어 꺼내려 하지 말고, 즉시 동물병원으로 이동해야 합니다. 병원에서는 엑스레이를 통해 어떤 형태의 물질이 어느 부위에 걸려 있는지를 정확히 확인해 안전하게 제거할 수 있습니다. 만약 삼킨 것이 화학 약품이나 약물이라면 가능한 한 빨리 토해내게 해야 하지만, 구토 과정에서 식도가 손상될 수 있으므로 무리하게 시도하지 말고 신속히 병원으로 가는 것이 가장 안전합니다.

물에 빠졌을 때

계곡이나 수영장, 바다 등에 반려견이 빠졌을 때 보호자가 당황해 물속으로 급히 뛰어드는 것은 매우 위험합니다. 직접 구조할 수 있다는 확신이 없다면 즉시 구조팀을 요청하고, 도움을 기다리는 것이 가장 안전합니다. 부득이하게 보호자가 직접 구조해야 한다면 반드시 구명조끼를 착용하고, 가능한 한 직접 접근하지 말고 튜브나 구명 부환, 혹은 긴 막대 등을 이용해 반려견이 잡거나 올라올 수 있게 유도합니다.

반려견을 구조한 뒤에는 뒷다리를 잡고 머리를 낮게 하여 눕힌 상태에서 옆구리의 흉부를 세게 두드려 물을 토하게 합니다. 그래도 물이 나오지 않으면 뒷다리를 들어 천천히 좌우로 흔들어 폐나 기도에 고인 물을 빼내도록 합니다. 만약 폐에 물이 들어가 호흡이 멈추었거나 미약하다면 인공호흡과 심장 마사지를 시행해야 합니다. 모든 응급조치 후에는 되도록 빨리 동물병원으로 이동해 전문적인 치료를 받아야 합니다.

에필로그

너와 나의 배움으로 이루어진
사회화 교육

동물병원 진료를 하다 보면 반려동물을 분양받은 후 가족과 어떻게 어울리게 해야 하는지, 또 가족의 일원으로 어떻게 받아들여야 하는지를 묻는 보호자가 많습니다.

고양이는 생후 2~7주, 개는 4~12주 사이에 적극적인 사회화 교육이 반드시 필요합니다. 보호자와 반려동물이 함께 행복하게 살아가기 위해서는 반려동물이 먼저 우리의 생활 환경과 사회에 적응해야 합니다. 세상에 적응하는 첫 단계가 바로 사회화 과정이며, 이는 모든 보호자가 결코 소홀히 해서는 안 되는 매우 중요한 시기입니다.

개는 대표적인 사회적 동물로, 무리를 이루어 생활하는 본능이 있습니다. 따라서 사람과 함께 살아가는 데 필요한 사회화 교육은 필수적입니다. 그러나 많은 반려견이 현실적으로는 폐쇄된 환경 속에서 성장기와 사회화 시기를 보내게 됩니다. 대부분 보호자가 예방접종이 끝나기 전까지 감염의 위험을 우려해 외출을 제한하기 때문입니다.

한때 우리나라에서는 파보바이러스 장염parvovirus이나 개 홍역 distemper 등 전염성 질병이 대유행해 어린 반려견의 폐사율이 높았던 시기가 있었습니다. 하지만 지금은 예방접종에 대한 인식이 높아지면서 전염병 발생이 크게 줄었습니다. 이제는 일정 수준의 예방접종만 마쳤다면 어린 시기부터 산책을 통해 외부 환경에 노출시키는 것이 좋습니다. 어릴 때 반려견은 대뇌피질이 완전히 성숙하지 않아 세상에 대한 두려움보다는 호기심이 크고, 새로운 자극을 긍정적으로 받아들이기 때문입니다. 이 시기에는 사교성과 적응력이 높기 때문에 다양한 사람, 환경, 다른 동물들과의 긍정적인 경험을 쌓으면 이후 어떤 사회적 상황에서도 훨씬 수월하게 적응할 수 있습니다.

다만 감염 위험이나 낙상 사고를 방지하기 위해 세심한 주의가 필요하며, 체벌이나 공포를 유발하는 부정적인 경험을 겪게 해서는 안 됩니다. 전염병 예방만큼이나 사회화와 예절 교육은 반려견의 정상적인 성장을 위해 꼭 필요한 과정입니다.

마지막으로 보호자에게 꼭 전하고 싶은 말은, 조급해하지 말고 반려견을 천천히 이해하는 시간을 가져야 한다는 것입니다.

　반려동물 인구 천오백만 시대를 살아가는 지금, 우리의 인식 역시 한 단계 성숙해져야 합니다. 이 책이 맹목적인 복종 훈련이 아닌, '규칙을 통한 예절 교육'으로 반려견과 사람이 더 행복해지는 문화를 만들어가는 데 작은 도움이 되기를 바랍니다.

사진 협찬 로얄캐닌코리아, 힐스코리아, 정관장지니펫, (주)러브펫코리아, 에스틴, 엘랑코,
조에티스, 베링거링겔하임, 벨릭서, 바비숑, 바램시스템, 오드펫, SHP

**금쪽같은 우리 댕댕이
견생역전 프로젝트**

펴낸날 2026년 1월 10일 1판 1쇄

지은이 최인영
펴낸이 金永先
편집 정아영
디자인 urbook

펴낸곳 지니의서재
주소 경기도 고양시 덕양구 청초로 10 GL 메트로시티한강 A1-1924호
전화 (02) 719-1424
팩스 (02) 719-1404
출판등록번호 제 13-19호

ISBN 979-11-94620-23-5(13520)

지니의서재와 함께 새로운 문화를 선도할 참신한 원고를 기다립니다.
이메일 geniesbook@naver.com (원고 투고)

- 이 책은 저작권자와의 계약에 따라 발행한 것이므로 본사의 허락 없이는
  어떠한 형태나 수단으로도 이 책의 내용을 사용하지 못합니다.
- 파본은 구입하신 서점에서 교환해 드립니다.